农田温室气体排放评估与减排技术

江丽华　徐　钰　等编著

化学工业出版社
·北京·

全球气候变暖对生态环境的影响非常恶劣，温室气体减排工作迫在眉睫，而农田温室气体排放评估和减排工作作为温室气体减排的重要部分也应该得到应有的重视。

本书从理论上对农田温室气体排放的主要影响因素、排放特征、排放潜力与控制技术进行了研究；针对农田温室气体排放现状、茄果类设施蔬菜、叶菜类设施蔬菜、菜粮轮作及小麦玉米轮作农田温室气体排放规律进行研究，形成了相应栽培模式下的农田温室气体监测技术及规程；并集成适用于典型农田“固碳、减排、经济、稳产、轻简”的温室气体减排技术，为准确估算农田温室气体排放量及出台农业温室气体减排措施提供科学依据和实践经验。

本书不仅可供环境工程、农业、农田污染防治等行业的技术人员、科研人员和管理人员阅读参考，也可以作为高等学校环境工程、农业等相关专业的参考书籍。

图书在版编目（CIP）数据

农田温室气体排放评估与减排技术/江丽华等编著. —北京：化学工业出版社，2019.5

ISBN 978-7-122-33885-3

Ⅰ.①农… Ⅱ.①江… Ⅲ.①农业-温室效应-有害气体-研究 Ⅳ.①X51

中国版本图书馆 CIP 数据核字（2019）第 027962 号

责任编辑：卢萌萌　　文字编辑：向　东
责任校对：张雨彤　　装帧设计：史利平

出版发行：化学工业出版社（北京市东城区青年湖南街 13 号　邮政编码 100011）
印　　刷：三河市航远印刷有限公司
装　　订：三河市宇新装订厂
710mm×1000mm　1/16　印张 10½　字数 177 千字　2020 年 1 月北京第 1 版第 1 次印刷

购书咨询：010-64518888　　售后服务：010-64518899
网　　址：http://www.cip.com.cn
凡购买本书，如有缺损质量问题，本社销售中心负责调换。

定　　价：78.00 元

《农田温室气体排放评估与减排技术》编著人员

主　任： 江丽华　徐　钰

副主任： 杨　岩　孙万刚

编著者： 江丽华　徐　钰　杨　岩　孙万刚

石　璟　王　梅　李文刚　李　妮

刘洪对

前言

农业是温室气体的主要排放源之一，其中土壤和农用投入品（尤其是氮肥）对温室气体排放的贡献率约占 64%。中国是一个人口众多的农业大国，为在有限的土地上生产更多的粮食，农业生产中不断提高复种指数，肥料用量尤其是氮肥用量过高、养分投入不平衡、施肥方式不当等直接导致农田温室气体排放量过高。农村劳动力短缺、教育水平较低、农业配套机械落后的现状，使我国面临巨大的减排压力。对碳平衡估算以及 CO_2 减排与增汇的研究是我国政府和科学家所面临的重要议题。

测定农田土壤温室气体排放通量是估算区域农田温室气体排放量的基础。目前，国内外测定陆地生态系统温室气体尤以微气象法中的涡度相关法和箱法中的静态箱/气相色谱法最为常见。前者因对观测对象的下垫面和大气稳定度要求较高，难以应用于田块小且分散、机械化程度不高的我国农田生态系统温室气体观测；静态箱/气相色谱法因其仪器价廉、操作方便、灵敏度高而被广泛应用。此外，国内外还研发了自动采样分析技术，对观测对象进行实时监测，但仪器昂贵，运行费用高，在我国未推广使用。目前用于估算区域农田土壤温室气体排放的方法有排放通量汇总外推法、IPCC 计算方法、经验公式法和机理模型计算法。对我国而言，建立农田温室气体排放和影响其产生机理因素之间的统计学模型是一条适宜的道路。

随着国际社会对气候变化、温室气体减排的日益重视，农田土壤固碳减排技术研究得到了广泛关注。若将我国目前氮肥利用率从 20% ~ 30% 提高到 30% ~ 40%，可相应降低 10% 的 N_2O 排放。研究表明，推行长效肥料、缓控释肥可减排 N_2O 27% ~ 88%；使用生物抑制剂，可有效减少 N_2O 排放和其他气态氮损失；推广稻田间歇灌溉可减少单位面积稻田 CH_4 排放的 30%；合理的养分配比、改表施为深施、有机肥与化肥混施等都可以降低温室气体的排放。 可见，只要技术合理，农田固碳减排潜力巨大。 然而中国的气候变化、土地资源以及种植制度都有明显的区域特征，固碳减排技术各个地区有不同的要求和效果，某些管理措施由于影响产量或操作复杂而难以持续推广。

本书理论密切联系实际，内容新颖，图文并茂，全面系统，正确评估了山东省农田温室气体排放及减排潜力，并集成适用于山东省典型农田“固碳、减排、经济、稳产、轻简”的温室气体减排技术，为准确估算山东省农田温室气体排放量及出台农业温室气体减排措施提供科学依据和实践经验。 本书适用于农业类相关技术人员和管理人员阅读参考，也可以作为相关专业大中专学生教材或农业技术培训参考书。

本书在编写过程中引用和参考了相关书籍和资料，在此对所引用书籍和资料的原作者表示衷心的感谢。 由于作者水平有限，书中难免有疏漏和不妥之处，恳请广大读者批评指正。

编　者

2019 年 6 月

目录

第一章 概述

第一节 农田温室气体排放的主要影响因素

一、温室气体的含义

温室气体是指任何会吸收和释放红外线辐射并存在于大气中的气体。京都议定书中规定控制的6种温室气体为：二氧化碳（CO_2）、甲烷（CH_4）、氧化亚氮（N_2O）、氢氟碳化合物（HFCs）、全氟碳化合物（PFCs）、六氟化硫（SF_6），这些温室气体造成的最大问题就是气候变暖。政府间气候变化专门委员会（IPCC）第5次评估报告指出，1880～2012年全球平均地表气温升高0.85℃，其中1951～2012年全球地表气温平均每10年升高0.12℃。我国的变暖幅度明显高于全球，1951～2009年近60年来，我国地表平均气温升高1.38℃，平均每10年升高0.23℃，显著高于全球平均。据估计，大气中CO_2、CH_4和N_2O的浓度增加对增强温室效应的总贡献率占了近80%，是温室效应的主要贡献者，并且其在大气中的浓度仍分别以年均0.5%、0.8%和0.3%的速率在增长。至2012年，全球大气中CO_2、CH_4和N_2O浓度分别增加至393.1mg/L、1819μg/L和325.1μg/L，比工业化前分别增加了41%、160%和20%。虽然大气中CH_4和N_2O浓度较CO_2低，但是CH_4的辐射增温潜力是CO_2的20～30倍，N_2O的辐射增温潜力是CO_2的220～290倍，而且N_2O在平流层中还能被氧化生成NO_x，进一步破坏人类生存的重要保护屏障——臭氧层。气候变暖直接导致全球自然极端事件频繁发生，地表冰雪量减少，海平面加速上升，同时影响着粮食安全、水资源安全和生态安全，以及一些高温疾病多发等影响人体健康安全。

大气中 CO_2 的排放源主要是化石燃料的燃烧、土地利用和覆盖变化；CH_4 主要来源于天然湿地、稻田、化石燃料开采和反刍动物肠胃发酵等；N_2O 的排放源主要有土壤释放、生物物质燃烧和化石燃料的燃烧等。IPCC第4次评估报告指出，在所有排放源中，农业是温室气体的重要排放源。农业温室气体排放量占全球人为活动产生的温室气体排放总量的10%～12%，其中 N_2O 和 CH_4 排放分别占到60%和50%。农业生态系统中，温室气体的产生是一个复杂的过程，土壤中的有机质在气候、植被、土质及人为扰动的条件下，可分解为无机的碳（C）和氮（N）。无机碳在好氧条件下多以 CO_2 形式释放进入大气，在厌氧条件下则可生产 CH_4，稻田是大气 CH_4 的重要排放源。无机铵态氮可在硝化菌作用下变成硝态氮，而硝态氮在反硝化菌作用下转化成多种状态的氮氧化合物，N_2O 可在硝化和反硝化过程中产生。在气候、植被、土质及农田管理诸条件中，任何一个因子的微小变化，都会改变 CO_2、CH_4 或 N_2O 的产生及排放。

进入工业革命以来，大气中 CO_2 浓度在不断升高，全世界大多数科学家已一致认为，不断增长的 CO_2 浓度正导致全球温度上升，并可能带来持续的负面影响。地表和大气之间的反馈对气候变化起着至关重要的作用，而农业生产过程不仅改变了地表环境，而且改变了大气、土壤和生物之间的物质循环、能量流动和信息交换的强度，因此带来了一系列环境问题，如土地沙化退化、水土流失、温室气体排放增强等。近十多年来，温室气体排放增加引起的全球气候变暖成为人们普遍关注的焦点，而农业则是 CO_2、CH_4 和 N_2O 这3种温室气体的主要排放源之一。据估计，农业温室气体占全球总温室气体排放量的13.5%，与交通（13.1%）所导致的温室气体的排放量相当。因此，农田温室气体排放相关研究已成为目前国际研究的热点之一。

农业是温室气体主要排放源之一，耕作方式、施肥、水分管理、间套作等农业措施对农田土壤有机碳（SOC）含量、农田土壤 N_2O 和 CH_4、农田生产物资的使用所造成的温室气体（主要为 CO_2、N_2O 和 CH_4）排放产生影响。保护性耕作总体能提高表层SOC含量，减少 CH_4 排放，但减少农田土壤 N_2O 排放的研究尚存在一定的争议，耕作方式亦影响投入，从而影响温室气体的排放；施肥（特别是有机、无机肥配合施用）能提高SOC含量，施氮肥越多，N_2O 排放量越大，而 CH_4 主要受有机物料的影响较大；水分对减少 N_2O 和 CH_4 排放有相反作用，需综合进行平衡管理；不同的作物品种、间套作模式或促进或减少温室气体排放。

二、耕作方式对农田温室气体排放的影响

1. 耕作方式对农田土壤有机碳含量的影响

目前，国内外学者基本一致认为，与传统翻耕相比，以少免耕和秸秆还田为主要特征的保护性耕作主要提高 0～10cm 土层的 SOC 含量，而对深层 SOC 含量影响不大。据估计，全世界平均每公顷（$1hm^2=10^4m^2$）耕地每年释放碳素为 75.34t，而保护性耕作则相对减少了对土壤的扰动，是减少碳损失的途径之一。在美国，Kisselle 等和 Johnson 等的研究表明，与传统耕作相比，以少免耕和秸秆还田为主要特征的保护性耕作提高了土壤碳含量，美国能源部门的 CSiTE（Carbon Sequestration in Terrestrial Ecosystems）研究协会对收集的 76 个农业土壤碳固定的长期定位试验数据进行分析，结果表明，从传统耕作转变为免耕，0～30cm 的土壤平均每年固定碳（337 ± 108）kg/hm^2。在加拿大，Vanden 等分析对比了西部 35 个少耕试验，结果表明，平均每年土壤碳固定的增长量为（320 ± 150）kg/hm^2。国内的许多研究亦表明保护性耕作能提高 SOC 含量，如罗珠珠等和蔡立群等的试验表明，免耕和秸秆覆盖处理可显著增加 SOC 含量。但也有部分的研究结果表明，免耕和秸秆还田没有显著增加土壤碳含量，可能的原因是 SOC 变化受气候变化的影响或测定年限较短造成的。总体而言，与传统耕作相比，通过少免耕和秸秆还田等措施能提高 SOC 含量是受到广泛认同的结论。

2. 耕作方式对农田 CH_4 排放的影响

农田 CH_4 在厌氧条件下产生，而在有氧条件下，土壤中的甲烷氧化菌可氧化 CH_4 并将其当作唯一的碳源和能源。甲烷氧化菌在团粒结构较好的土壤中可保护自己免受干扰，有利于其氧化 CH_4，而耕作方式对土壤团粒结构有一定的影响。许多研究结果表明，与传统耕作相比，保护性耕作减少了 CH_4 的排放。如 David 等在玉米农田的长期耕作试验的研究结果表明，免耕是 CH_4 的汇，而深松和翻耕则为 CH_4 的源。Verlan 等和 Liebig 等的研究亦得出类似的结果。在国内，隋延婷研究表明玉米农田常规耕作处理的 CH_4 排放通量大于免耕处理的 CH_4 排放通量，因为在常规耕作制度下土壤受到耕作扰动，促进了分解作用，导致土壤有机质含量下降，而免耕制度下减少了对土壤的扰

动，从而增加了土壤有机质的平均滞留时间，降低了 CH_4 排放量。但亦有部分研究结果表明保护性耕作增加了 CH_4 的排放，如 Rex 等的研究表明，在玉米大豆轮作体系中免耕比深松和翻耕排放更多的 CH_4。总体而言，少免耕措施能减少 CH_4 排放。

3. 耕作方式对农田 N_2O 排放的影响

土壤中 N_2O 的产生主要是在微生物的参与下，通过硝化和反硝化作用完成的。目前，耕作方式对农田 N_2O 排放的影响没有比较一致的结果。郭李萍研究表明，与传统耕作相比，免耕措施和秸秆还田处理条件下小麦农田的 N_2O 排放量比传统耕作低，保护性耕作减少了土壤 N_2O 的排放，李琳对不同耕作措施对玉米农田土壤 N_2O 排放量影响研究表明，不同耕作方式土壤 N_2O 排放量大小顺序为翻耕＞免耕＞旋耕。国外的一些研究结果亦与以上研究结果一致，如 Malhi 等的研究表明，传统耕作处理的 N_2O 排放高于免耕；David 等在玉米农田的耕作试验结果表明，N_2O 年排放量最大为翻耕，其次为深松，最小为免耕。但也有部分研究结果与上述结果不同，如 Bruce 等的研究表明，免耕会增加 N_2O 的排放。钱美宇在小麦农田的研究表明，传统耕作方式农田土壤 N_2O 排放量较高，单纯的免耕措施会降低 N_2O 排放通量，而秸秆覆盖和立地留茬处理会相对增加免耕处理的农田土壤 N_2O 排放通量。总体而言，少免耕措施比传统耕作更能减少农田土壤中 N_2O 的排放的研究尚存在一定的争议，可能是受土壤、气候等因素的影响。

4. 耕作方式对物资投入的影响

农业是能源使用的主要部分，Osman 等指出，能源消耗指数和农业生产力有极显著的正相关性。耕作方式改变意味着化石燃料的使用亦发生改变。农业生产过程中，耕地和收获两个环节耗能最大，实践表明，采用“免耕法”或“减少耕作法”每年每公顷能节省 23kg 燃料碳。日本在北海道的研究认为，在少耕情况下，每公顷可节省 47.51kg 油耗，相当于 125.4kg CO_2 的量，总的 CO_2 释放量比传统耕作减少 15%～29%。实施保护性耕作将秸秆还田，能保土保水，从而减少养分和水分投入所造成的温室气体排放。所以，培育土壤碳库是节约能源、减少污染、培肥土壤一举多得的措施。晋齐鸣等的研究指出，保护性耕作田的致病菌数量较常规农田有较大幅度提高，并随耕作年限的延长而增加。Nakamoto 等的研究表明，旋耕增加了冬季杂草的生物量，翻耕减少了冬季和夏季杂草多样性。类似的，Sakine 的研究表明深松处理杂草密度最高，其次为旋耕，最小为翻耕。因此，因保护性耕作导致土壤病害和草害的加重很可能会导致农药的使用量增加。总而言之，采取保护性耕作在一定程度上可减少柴油、肥料等的投入，但却可能增加农药等的投入，其对减少农田温室气体排放的贡献需综合两者的效应。

三、施肥对农田温室气体排放的影响

1. 施肥对农田土壤有机碳含量的影响

在农田施肥管理措施中，秸秆和无机肥配施、秸秆还田、施有机肥、有机肥和无机肥的施用均能提高 SOC 的含量，其中，有机肥和无机肥配施的固碳潜力较大。Loretta 等在麦玉轮作体系中长期施用有机肥和无机肥的试验结果表明，1972～2000 年，单施无机氮肥处理的 SOC 变化不明显，而有机粪肥和秸秆分别配施无机氮肥均能显著提高 SOC 含量。Cai 等在黄淮海地区开展 14 年定位的试验结果表明，施用 NPK 肥和有机肥均能提高 0～20cm 土层土壤的有机碳含量。有机肥处理的 SOC 含量最高，为 $12.2t/hm^2$；NPK 处理的作物产量最高，但 SOC 含量却较低，为 $3.7t/hm^2$，对照为 $1.4t/hm^2$。因此，有机肥和无机肥配施既能保证产量，又能提高 SOC 含量。Purakayastha 等的研究亦得出相同结论。总而言之，施肥（特别是有机无机配施）能提高 SOC 含量的研究结果较一致。

2. 施肥对农田 N_2O 排放的影响

农田是 N_2O 重要的排放源之一，农田 N_2O 排放来自土壤硝化与反硝化作用，而施用氮肥可为其提供氮源。N_2O 的排放量与氮肥施用量呈线性关系，随着无机氮施用的增加，N_2O 的产生增加。项虹艳等的研究表明，施氮处理对紫色土壤夏玉米 N_2O 排放量显著高于不施氮肥处理，Laura 等的试验也得出了相同的结果，且有机肥代替化肥能减少 N_2O 的排放。孟磊等在旱地玉米农田的研究及秦晓波等在水稻田的研究也表明施有机肥处理下 N_2O 的排放通量比施无机肥处理小。总体而言，施肥对土壤 N_2O 排放有影响，N_2O 排放主要受无机氮肥影响较大，且在一定程度上随氮肥用量的增大而增大。

3. 施肥对农田 CH_4 排放的影响

农田（特别是稻田）是 CH_4 重要的排放源之一，石英尧等的研究表明，随着氮肥用量的增加，稻田 CH_4 排放量增加；施肥种类对温室气体排放亦有一定的影响，水稻田中施有机肥促进了 CH_4 的排放。总体而言，施肥对土壤 CH_4 排放有影响，主要受有机物料的影响较大，可能是有机物料为 CH_4 的产生提供了充足的碳源。

四、水分管理对农田温室气体排放的影响

农田土壤 N_2O 在厌氧和好氧环境下均能产生，而 CH_4 则是在厌氧环境下产生。水分对农田土壤透气性具有重要的调节作用，是影响农田土壤 N_2O 和 CH_4 排放的重要因素之一。旱地土壤含水量与土壤中的硝化作用和反硝化作用具有重要的相关性，土壤含水量与 N_2O 排放通量显著正相关，直接影响着土壤 N_2O 的排放。Ponce 等的试验指出，在一定程度上随着土壤含水量的增加，N_2O 的产生增多，提高含水量促进 N_2O 的产生，Laura 等亦得出相似的研究结果。Liebig 等、Metay 等和郭李萍在其研究当中均指出 CH_4 在旱地土壤上表现为一个弱的碳汇，其对农田温室气体排放的贡献较小。因此，在旱田的水分管理中要提倡合理灌溉。

水稻田是一个重要的 N_2O 和 CH_4 的排放源，并且排放通量的时空差异明显。稻田淹水下由于处于极端还原条件，淹水期间很少有 N_2O 的排放，但稻田淹水制造了厌氧环境，有利于 CH_4 的产生，管理措施对其有重要影响，假如水稻生长季至少晒田一次，全球每年可减少 4.1×10^9 t 的 CH_4 排放，但晒田增加了 N_2O 的排放，Towprayoon 等的研究亦得出了类似的结论。因此，稻田水分对减少 N_2O 和 CH_4 排放有相反作用，需综合进行平衡管理。

郭树芳等在华北平原冬小麦田的研究表明，微喷水肥一体化（微喷）方式下土壤 CO_2 排放通量均值比漫灌高 12.37%，N_2O 排放通量均值比漫灌高 76.22%。微喷加强土壤呼吸可能与微喷缓解了因漫灌造成的土壤紧实度增加，使土壤保持相对疏松，从而提高了根系活力有关。此外微喷方式下土壤水分含量和温度均高于漫灌，且微喷增加了土壤微生物量碳含量，促进土壤微生物作用下的硝化和反硝化反应，进而带来土壤 N_2O 排放通量的增加。但是也有相反的研究报道，例如 Kallenbach 等研究认为地下滴灌比沟灌减少了 50% 的

N_2O 排放量。Sánchez-Martín 等也认为，与沟灌相比，滴灌减少了甜瓜（*Cucumis melo*）田土壤 N_2O 的排放。其原因可能是，与沟灌相比，滴灌模式下水分分布促进了硝化反应。由此可见，不同节水灌溉方式对土壤温室气体排放通量的影响也存在很大差异，因此应进一步加强不同灌溉条件下温室气体排放通量及其影响机制的深入探索。

五、作物品种对农田温室气体排放的影响

作物品种对农业减排亦有重要作用。如水稻品种能影响 CH_4 排放，由于根氧化力和泌氧能力强的水稻品种能使根际氧化还原电位上升，抑制甲烷的产生，同时又使甲烷氧化菌活动增强，促进甲烷的氧化，则产生的甲烷就减少，排放量亦会减少；抗虫棉的推广亦能减少农药使用，减少了农药制造的能耗；培育抗旱作物能减少对水分的需求量，使之更能适应在逆境中生长，增加了生态系统的生物量，作物还田量增加，有利于 SOC 的积累。品种的改良与引进能增加生物多样性，改善作物生态环境，减少物资的投入。因此，品种选育是减少农田温室气体排放的途径之一。

六、轮作及间套作对农田温室气体排放的影响

轮作、间套作在一定程度上能减少农田温室气体的排放。Andreas 等指出，轮作比耕作更有减排潜力，其 20 年的长期定位的试验结果分析表明，玉米-玉米-苜蓿-苜蓿轮作体系土壤固碳量较大，每年固碳量为 $289kg/hm^2$，而玉米-玉米-大豆-大豆轮作体系表现为碳源。与玉米连作对比，将豆科植物整合到以玉米为主的种植系统能带来多种效益，如提高产量、减少投入、固碳并减少温室气体的排放。玉米和大豆、小麦和红三叶草轮作能减少相当于 $1300kg/hm^2$ CO_2 的温室气体。苜蓿与玉米轮作每年能减少至少 $2000kg/hm^2$ CO_2。豆科植物具有固氮作用，比减少氮肥使用、减少化肥生产和土壤碳固定减少温室气体排放更有显著贡献。West 和 Post 总结了美国 67 个长期定位试验，表明轮作使土壤平均每年增加碳 $(200\pm120)kg/hm^2$。Nzabi 等的研究表明，豆科植物秸秆还田能提高 SOC，但由豆科种类决定。Rao 等研究表明，间作使 SOC 减少。Maren 等研究表明，玉米与大豆间作系统 N_2O 排放量显著比玉米单作少，但比大豆单作多，且间作系统是比较大的 CH_4 汇。陈书涛等研究表明，不同的轮作方式对 N_2O 排放总量影响不同。总体而言，作物类型对温室

气体排放具有较大的差异性，部分轮作模式和间作模式对提高农田 SOC 含量、减少农田温室气体排放具有一定的贡献。

第二节 农田温室气体排放特征

农田生态系统中温室气体的产生是一个复杂过程。土壤中的有机质在气候、植被、土质及人为扰动的条件下，可分解为无机的碳（C）和氮（N）。无机碳在好氧条件下多以 CO_2 形式释放进入大气，在厌氧条件下经发酵作用则可生成 CH_4。无机态氮可在硝化菌作用下变成硝态氮，而硝态氮在反硝化菌作用下转换成多种状态的氮氧化合物，N_2O 可在硝化和反硝化过程中产生。在气候、植被、土质及农田管理诸条件中，任何一个因子的微小变化，都会改变 CO_2、CH_4 或 N_2O 的产生及排放。世界各地大量的定点观测表明，农田这些气体的排放在空间和时间上都变化多端。我国学者对农田不同生态系统温室气体排放进行了大量研究，特别是近 20 年来对典型农田 CO_2、CH_4 或 N_2O 的排放通量进行了观测，为合理和准确地估算我国农田温室气体排放总量和编制我国农田温室气体清单积累了许多田间原位观测资料。

一、农田土壤 CO_2 排放通量特征

土壤中 CO_2 产生的过程通常又称为“土壤呼吸”，其排放强度主要取决于土壤中有机质的含量及矿化速率、土壤微生物类群的数量及其活性、土壤动植物的呼吸作用等，其中，土壤有机质是土壤呼吸的主要碳源，不仅为微生物活动提供能源，而且对土壤物理、化学和生物学性质影响深刻，因此土壤有机质的数量和质量对 CO_2 排放通量尤为重要。土壤温度是土壤呼吸的主要驱动因子之一，因而土壤 CO_2 排放通量表现出明显的季节变化，在夏季排放通量最高，冬季最低。目前国内的研究主要集中在华北平原，如宋文质等在华北平原测定的小麦地 CO_2 排放通量范围为 120～400mg/(m^2 · h)，陈述悦等测得的棉花地 CO_2 平均排放通量为 217.48mg/(m^2 · h)，而王立刚等、董玉红等在黄淮海平原冬小麦/夏玉米地上观测也分别得出 CO_2 排放通量范围为 75～1100mg/(m^2 · h) 和 240～1530mg/(m^2 · h)，李虎等测得冬小麦/夏玉米地 CO_2 排放通量范围为 127.5～2324.5mg/(m^2 · h)。由于影响土壤 CO_2 排放的

因素是多方面的，因此 CO_2 排放通量结果也均不同，但分布范围在 75～2500mg/(m^2·h)。

二、稻田 CH_4 排放通量特征

一般认为，稻田和天然湿地是 CH_4 的主要排放源。稻田甲烷排放主要受土壤性质、灌溉和水分状况、施肥、水稻生长和气候等因素的影响。马秀梅采用静态箱/气相色谱法对川中丘陵地区冬水田休闲期温室气体排放通量进行了原位观测研究，获得冬水田休闲期 CH_4 的平均排放通量为 5.37mg/(m^2·h)，土壤温度和水分在很大程度上影响着 CH_4 排放通量；研究还表明，改冬水田为水旱轮作可减少甲烷排放。而江长胜等在此地的研究表明，水稻休闲期 CH_4 的平均排放通量为 (1.43±0.20)mg/(m^2·h)，水稻生长季为 (22.76±2.76)mg/(m^2·h)，全年为 (9.64±1.17)mg/(m^2·h)。蔡祖聪在中科院封丘试验站研究表明，当地常规水分管理即间歇灌溉条件下，供试小区稻田的 CH_4 平均排放通量仅为 0.16～1.86mg/(m^2·h)；李成芳等对湖北省武穴市华中农业大学试验基地免耕稻田土壤研究表明，施肥处理 CH_4 排放通量最高，为 5～51mg/(m^2·h)，而免耕不施肥处理的 CH_4 排放通量范围为 1～26mg/(m^2·h)；张岳芳等对阳澄湖低洼湖荡平原水稻-冬小麦两熟制度 CH_4 平均排放通量研究表明：麦秸还田旋耕和翻耕 CH_4 排放通量分别为 11.56mg/(m^2·h) 和 10.75mg/(m^2·h)，麦秸不还田旋耕和翻耕为 4.68mg/(m^2·h) 和 5.42mg/(m^2·h)。尽管各研究得出的 CH_4 排放通量结果不一致，但 CH_4 排放均表现出明显的季节性变化规律，呈现先升高后降低的趋势，在水稻移栽初期和收获时均较低，进入水稻分蘖期，由于水稻植株通气组织比较发达，而且气温高达 30℃以上，处于厌氧状态下的产甲烷菌活动频繁，以致甲烷达到排放高峰。

三、农田土壤 N_2O 排放通量特征

土壤水分、土壤温度、土壤有机质等都能影响 N_2O 气体的产生和排放，其中氮肥的施用与 N_2O 气体的排放呈明显的线性关系。不同的时间地点测量的 N_2O 气体排放通量存在着很大的差异。目前国内对 N_2O 气体田间原位观测主要集中在长江中下游的稻田生态系统和华北地区的冬小麦-夏玉米轮作系统。如董玉红等利用中科院禹城实验站对黄淮海平原鲁西北黄河冲积平原麦-玉轮

作系统 N_2O 气体的观测表明，对照处理 N_2O 气体排放通量整个轮作期均低于 134μg/(m^2·h)，而施有机粪肥的处理小麦季为 26.8～563.7μg/(m^2·h)，玉米季为 23.8～972.7μg/(m^2·h)。随后研究了长期定位施肥对 N_2O 排放通量的影响，结果表明，整个观测期内小麦季为 12.51～673.25μg/(m^2·h)，玉米季为 16.46～475.77μg/(m^2·h)。王立刚等在中国农大曲周实验站（黄淮海平原）测得棉花地 N_2O 排放通量为 49.02～55.26μg/(m^2·h)，冬小麦-夏玉米轮作为 65.2～107.21μg/(m^2·h)。东北和西北的农田生态系统 N_2O 排放通量观测较少，李西祥等在西北农林科技大学试验站（黄土高原南部旱作区）研究表明，小麦覆膜处理 N_2O 排放通量为－7.88～23.71μg/(m^2·h)，常规耕作为－16.08～26.4μg/(m^2·h)，常规不施氮为－43.67～36.78μg/(m^2·h)。黄国宏等在沈阳生态站大豆和玉米地测得的结果分别为 0.9～318.2μg/(m^2·h) 和－11.9～545.2μg/(m^2·h)。

第三节 农田温室气体排放潜力与控制技术

人类活动向大气中排放的二氧化碳（CO_2）、甲烷（CH_4）和氧化亚氮（N_2O）等温室气体浓度的增加是导致气候变化的重要原因之一。农田土壤是这 3 种温室气体的重要来源。中国是人口众多的农业大国，拥有 1.21 亿公顷的耕地。这些农田的耕作、水稻的种植以及氮肥的施用不仅长期改变着农田生态系统中的碳氮循环，而且给全球气候变化带来影响，已受到国际社会各界的广泛关注。根据《中华人民共和国气候变化初始国家信息通报》，1994 年中国农业源温室气体排放占中国温室气体排放总量的 17%；农业活动甲烷排放量为 1719.6×10^4t，占中国甲烷排放总量的 50.15%，其中稻田甲烷排放量为 614.7×10^4t，占 17.9%。1994 年因施肥造成的氧化亚氮排放量为 62.8×10^4t，其中农田直接排放和间接排放分别占中国氧化亚氮排放总量的 55.7% 和 18.1%。进入 2000 年以来，中国年氮肥用量不断增加，达到 2000×10^4t（折纯量）以上，从 1994 年到 2005 年中国农业氮肥施用量增加了 18%，消费总量成为世界第一，约占全球总量的 30%。目前各国学者对全球和国家尺度的农田 N_2O 排放量进行了估算，结果表明，世界农田 N_2O 排放总量在 $(1.2\sim4.2)\times10^{12}$g（以 N 的质量计），中国农田 N_2O 排放总量在 $(0.063\sim0.628)\times10^{12}$g（以 N 的质量计）。可见，中国农业生产活动基数数量大、增长快，如果没有相应的减排措施，农业源温室气体排放量也会相应地快速增加。

近10年来，我国政府在农业节能增效、发展低碳农业方面开展了卓有成效的工作，对农业温室气体的研究也积累了一些资料。减少农业源温室气体排放对控制全球气候变化具有重要作用，尤其是在未找到控制工业温室气体排放的替代技术前的最近20～30年间，农业减排成为减缓大气温室气体浓度升高的关键。解决气候变化问题的根本措施可分为减少人为温室气体排放和增加对大气中温室气体的吸收即增加碳汇。

一、农田减排方面

1. 减少稻田 CH_4 排放

减少稻田 CH_4 排放的主要措施包括适宜水稻品种的选择、耕作方式和合理施肥、灌溉管理等，其中灌溉管理是最简单而且效果最明显的措施。例如，在生产实践上选育土壤氧化层根系发达、厌氧层根系分布少、通气组织不发达、根分泌少的品种，有利于促进根际形成有氧环境和提高甲烷氧化菌的活性，抑制甲烷产生菌的活性。例如杂交稻替代常规稻的经济效益显著，减少 CH_4 排放的同时还能增加水稻的产量。稻季土壤耕作方式对水稻生长季 CH_4 排放总量有显著或极显著的影响，例如在长江下游稻麦两熟制农田采用周年旋耕措施能有效减少水稻生长季 CH_4 的排放。在肥料使用上，通过有机肥和化肥配合施用，增加酸性肥料、添加甲烷产生菌抑制剂（如碳化钙）等均可以减少 CH_4 产生。此外，采用合理的水分管理方式，如稻田淹水和烤田相结合是减少 CH_4 排放的理想措施，适当的间歇烤田能大幅度减少 CH_4 排放量。这是因为烤田会导致土壤 E_h（氧化还原电位）值增高而抑制 CH_4 产生和排放，同时土壤的干湿交替会杀死产 CH_4 细菌和其他有关微生物，从而降低稻田 CH_4 排放。因而，烤田后即使再复灌，CH_4 的排放量仍然难以恢复到烤田前的水平。与持续淹水的稻田相比，烤田和间歇灌溉可降低 CH_4 排放30%～72%。Masayuki等的研究也指出，延长水稻田中期烤田的时间相比传统的管理模式，CH_4 排放能减少90%，同时产量也将增加85%以上。然而需要指出的是，虽然烤田和间歇灌溉能有效减少稻田 CH_4 排放，但与此同时增加了 N_2O 的排放，因为烤田和间歇灌溉能增加土壤通透性，改变土壤微环境，利于 N_2O 的产生和排放，所以减排的效应需从两者的综合全球增温潜势进行评估。

2. 减少农田 N_2O 排放

土壤 N_2O 的一个重要来源是化肥的施用，研究表明，N_2O 的排放随着施肥量的增加而增加，N_2O 受施肥速率和施肥种类的影响很大。减少农田 N_2O 排放的主要对策与措施包括以下几个方面。

① 促进区域间氮肥施用的均衡发展。随着社会经济的发展，我国化学氮肥的施用明显增加。由于区域经济发展的不平衡，华东及华南沿海经济发达地区施氮量远高于经济欠发达地区，据粗略估计，我国目前化肥氮的总消耗量可基本满足农业生产的需要，但约有 1/3 的区域（主要在经济发达地区）过量施用，另有 1/3 的区域（主要在经济欠发达区）施用不足。若将经济发达地区过量施用的化肥氮用于经济欠发达地区，则可大大减少农田 N_2O 排放，同时提高作物生产力。

② 提高氮肥利用率。目前我国农田氮肥当季利用率仅有 30%左右，如果氮肥利用率提高 1 个百分点，全国就可减少氮肥生产的能源消耗 250×10^4 t 标准煤。若将氮肥利用率氮从 20%～30%提高到 30%～40%，则可相应降低 10%的 N_2O 排放。通过合理的养分配比、改表施为深施、有机肥与化肥混施等措施能提高氮肥利用率。李鑫等研究表明，尿素表施 N_2O 排放量为施氮量的 1.94%，而穴施仅为施氮量的 1.67%。

③ 长效氮肥和控释化肥的施用。碳酸氢铵和尿素是我国农业的主体肥料，但它们的肥效期短，挥发损失量大，氮素利用率低。与施用普通碳酸氢铵和尿素相比，长效碳酸氢铵与长效尿素能显著减少 N_2O 排放 27%～88%；稻田施用控释肥与施用复合肥相比可减少 N_2O 排放约 80%。

④ 生物抑制剂的施用。脲酶抑制剂氢醌与硝化抑制剂双氰胺适宜组合，可有效减少 N_2O 排放和其他气态氮损失。

然而，目前对于同一种施肥、免耕等管理措施对 N_2O 排放的影响研究结果不尽相同。如有研究认为农业土壤有机肥施入是一个重要的 N_2O 源，会增加 N_2O 排放，这是因为增施有机肥增加了土壤中 DOC 和硝态氮的含量，提高了硝化反硝化的反应底物，因而增加了 N_2O 排放。免耕被认为是减少 N_2O 排放的有效措施，因为翻耕对土壤的扰动促进了郁闭于土壤内的 N_2O 的释放，而有研究认为免耕降低了土壤中氧气的浓度，可能会增加反硝化引起的 N_2O 的排放。秸秆还田提高了土壤的 C/N 比值，引起微生物对氮源的充分利用，同时也减少了硝化、反硝化过程的中间产物 N_2O 的排出。然而秸秆的施入，为反硝化微生物提供了充足的能源物质和微域厌氧环境，利于反硝化过程的进行，促进了 N_2O 的生成与排放。所以通过施肥管理达到减少 N_2O 的排放，应在选择方式之前，对实施土壤和气象等条件进行分析，优化选择。

二、农田增汇方面

土壤能通过生物和非生物过程捕获大气中的碳素并将其稳定地存入碳库，这一过程被称为碳固存。增加土壤有机碳固存不仅为植被生长及微生物活动提供碳源、维持土壤良好的物理结构，同时也是减少大气中 CO_2 等温室气体含量的一个有效的、持续的措施。近年来，农田土壤碳固存的研究已经成为国际上全球变化研究的一个重要热点。已有较多资料表明，发达国家实行的保护性耕作、秸秆还田、施用有机肥和化肥等农业管理措施，使得农业土壤碳库在近期呈现出稳定和增长的趋势。Freibauer 等研究表明，通过采取有机的农田管理措施每年能增加全球土壤固碳潜力（0.1～0.8）$\times 10^6$g（以 C 的质量计），Pretty 和 Ball 也得出大致相同的结果，被认为是将来对提高农田土壤固碳最令人期待的措施。IPCC 第 4 次评估报告指出，全球农业固碳与温室气体减排的自然总潜力高达（5500～6000）$\times 10^6$t（以 CO_2 的质量计），其中 90%来自减少土壤 CO_2 释放（即固定土壤碳）。我国耕地土壤有机碳含量总体上较低，低于世界平均值的 30%以上，低于欧洲 50%以上，因此，我国农业土壤具有巨大的固碳减排潜力。同时，土壤有机碳动态变化不但受自然因素，如温度、降水和植被类型的影响，而且很大程度上受施肥、秸秆还田、免耕和灌溉等农业耕作管理措施的影响。通过改进和优化耕作措施，注重化肥与有机肥的配合施用，推广少耕与免耕技术，提高秸秆与有机物质的归还量，能稳定甚至增加土壤有机碳贮量，减少农田土壤的 CO_2 净排放。如免耕是非常有效的提高农田土壤有机碳的方法，土壤免耕减缓了土壤中碳、氮基质供应量，通过陆地生物及落叶的转化使有机碳蓄积量增加，因此免耕土壤比传统耕作措施管理的土壤有机碳平均水平高；增加土地覆盖秸秆还田、增加有机肥施用和采用轮作等，可以降低土壤侵蚀，改善有机质和养分循环。因此，农田土壤碳库的稳定与增加，对于保证全球粮食安全与缓解气候变化趋势具有双重的积极意义。

随着国际社会对气候变化、温室气体减排的日益重视，农田土壤固碳减排技术研究得到了广泛关注。然而中国的气候变化、土地资源以及种植制度都有明显的区域特征，固碳减排技术各个地区有不同的要求和效果，某些管理措施由于影响产量或操作复杂而难以持续推广。

中国是农业大国，拥有1.21亿公顷的耕地，农业温室气体排放在全国所占比例超过15%，其中N_2O和CH_4排放分别高达90%和60%（J. X. Wang等，2010）。山东省是农业大省，耕地面积751.53万公顷，占全国耕地面积的6.17%。从全国农业温室气体排放的地区特征来看，山东省的温室气体排放量一直位居前列，其中1991～2008年山东省农业生产的CH_4排放量连续5年位居全国前10位，N_2O排放量连续8年位居全国前3位（闵继胜和胡浩，2012）。在全球变暖的大背景下，山东省气温持续攀升，气候变暖，热量资源增加，导致生态环境改变，对农作物熟制、布局和种植结构都产生影响，利于越冬作物和大棚蔬菜种植，喜温作物种植面积扩大，复种指数提高；同时，土壤水分蒸发加剧，水分亏缺增加，干旱大面积增加，越冬病虫卵（蛹）死亡率降低，存活数量上升，造成病虫害发生严重，防治难度增大，对农业生产可持续发展的负面影响逐渐显露（王建源等，2006）。因此，对山东省农田温室气体排放量及减排潜力进行客观评估，并集成适用于山东省典型农田“固碳、减排、经济、稳产、轻简”的温室气体减排技术，为准确估算山东省农田温室气体排放量及出台农业温室气体减排措施提供科学依据和实践经验，并制定合理的减排技术，这些都对发展低碳农业、减缓全球变暖具有重要意义。

第二章 山东省农田温室气体排放现状研究

本章总体上遵循 IPCC 指南的基本方法框架，采用国家发改委下发的《省级温室气体清单编制指南（试行）》（简称《指南》）及相关文献推荐的方法，通过统计部门和发表文献等数据，对 2000～2014 年山东省农业温室气体排放量进行了核算，并阐述了山东省温室气体排放现状。

一、种植业温室气体排放源的界定

IPCC 提供的温室气体清单指南中，农业温室气体排放不包括化肥、能源等投入物生产过程产生的气体。然而，目前农业的发展仍依赖于化肥、农药、农膜等化学物质的投入，必然会导致温室气体排放。因此，有必要将此纳入核算范围，以全部反映农业活动产生的温室气体。本报告中种植业温室气体排放是指农民从事种植业生产活动所引发的温室气体排放量，温室气体类型主要包括二氧化碳（CO_2）、甲烷（CH_4）和氧化亚氮（N_2O）。如图 2-1 所示，温室气体排放源主要由以下 3 部分构成：

一是农用物资投入引起的 CO_2 排放，包括：①化肥、农药、农膜等农用物资投入引起的碳排放（不包括氮肥使用引起的 N_2O 排放所产生的碳排放）；②农业耕作机械使用消耗化石燃料及灌溉过程中电能利用等产生的碳排放。

二是 CH_4 排放，包括水稻生长周期内 CH_4 排放和秸秆焚烧引起的 CH_4 排放两部分。

三是农用地 N_2O 排放，这部分包括：①土壤 N_2O 排放；②通过化肥、粪肥和秸秆还田等方式输入的氮而引起的 N_2O 直接排放；③大气氮沉降及氮淋溶径流损失引起的 N_2O 间接排放；④秸秆焚烧引起的 N_2O 排放。

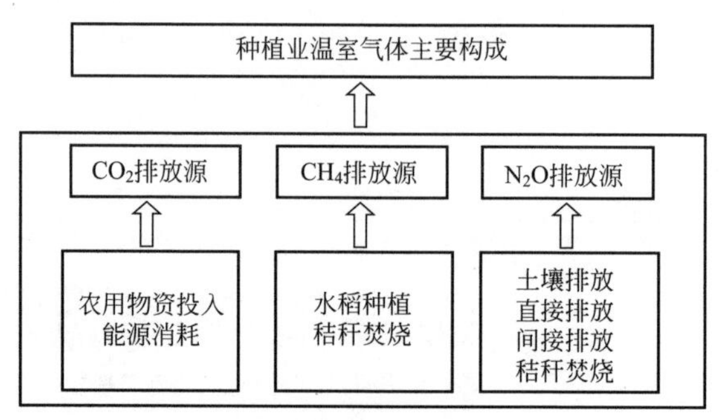

图 2-1 种植业温室气体主要构成

二、计算方法

采用的种植业活动水平数据主要包括农用化肥施用量、农药和农膜施用量、农作物播种面积和产量、畜禽存栏量、乡村人口数、有效灌溉面积和种植业生产机械动力，以上数据均来自山东省统计年鉴（2000～2016 年）。各种农业参数，如碳排放系数、农作物经济系数、根冠比、人或畜禽类便氮排泄量等选用文献中的相应参数。

1. CO_2 排放量的核算

CO_2 排放量的核算见式(2-1)。

$$CO_{2crop}=\sum(F_ik_i)+Y\Gamma+M\beta+G\mu+S\times16.47+W\omega \tag{2-1}$$

式中 CO_{2crop}——种植业 CO_2 排放量；

F_i——氮肥磷肥钾肥复合肥用量；

Y——农药用量；

M——农膜用量；

G——有效灌溉面积；

S——农作物播种面积；

k_i——化肥种类碳排放系数；

Γ——农药碳排放系数；

β——农膜碳排放系数；

μ——灌溉耗能碳排放系数；

w——农业机械总动力；

ω——耕作耗能碳排放系数。

k_i、Γ、β、μ、ω 具体数值见表 2-1。

表 2-1　碳排放因子

排放来源	排放系数	参考来源
氮肥	1.74kg C/kg	逯非，等
磷肥	0.2kg C/kg	Dubey A，等
钾肥	0.15kg C/kg	Dubey A，等
农药	4.93kg C/kg	T. O. West，Marland
农膜	5.18kg C/kg	李波，等
灌溉耗能	$266.48kg\ C/hm^2$	段华平，等
耕作耗能	0.18kg C/kW	段华平，等

由于中国复合肥中等养分配比（15-15-15）的通用型产品仍是主流，因此复合肥按照其氮肥、磷肥、钾肥的比例各占 1/3 折算成氮肥、磷肥、钾肥，以此测算其碳排放量。

2. CH_4 排放量的核算

CH_4 排放量的核算见式(2-2)。

$$CH_{4\ crop}=S\theta+J\varepsilon \tag{2-2}$$

式中　$CH_{4\ crop}$——种植业 CH_4 排放量；

S——水稻播种面积；

J——秸秆焚烧量；

θ——水稻的 CH_4 排放系数 $21g/m^2$；

ε——秸秆焚烧 CH_4 排放系数 1.68g/kg；

式(2-2) 中的主要农作物参数见表 2-2。

$$J=(作物籽粒产量/经济系数-作物籽粒产量)\times 焚烧率 \tag{2-3}$$

式中，秸秆田间焚烧率为 1999 年发布《秸秆禁烧和综合利用管理办法》的通知，秸秆田间焚烧率下降，本式中秸秆燃烧率为 0.166。

表 2-2　主要农作物参数

作物	干重比	秸秆含氮量/%	经济系数	根冠比	还田率/%
水稻	0.855	0.753	0.489	0.125	29.9
小麦	0.87	0.516	0.434	0.166	43.8
玉米	0.86	0.58	0.438	0.17	26.4
大豆	0.86	1.81	0.425	0.13	45.9
蔬菜类	0.15	0.8	0.83	0.25	0
棉花	0.45	1.24	0.383	0.2	12.5

续表

作物	干重比	秸秆含氮量/%	经济系数	根冠比	还田率/%
花生	0.9	1.82	0.556	0.20	18.0
薯类	0.45	1.1	0.667	0.05	18.7
烟叶	0.83	1.44	0.830	0.20	5.1

注：参考《指南》和高利伟等文章。

2010年（含）后小麦秸秆和玉米秸秆还田率增加，至2015年秸秆还田率分别约达90%和60%（本项目组调查），2010～2014年秸秆还田率以每年15%递增，2015年、2016年还田率固定，分别为90%和60%。

3. N_2O 排放量的核算

N_2O 排放量的核算见式(2-4)。

$$N_2O_{种植业}=N_2O_{土壤}+N_2O_{直接}+N_2O_{间接}+N_2O_{秸秆焚烧} \tag{2-4}$$

式中 $N_2O_{种植业}$——种植业 N_2O 排放；

$N_2O_{土壤}$——土壤本底 N_2O 排放；

$N_2O_{直接}$——农田 N_2O 直接排放；

$N_2O_{间接}$——农田 N_2O 间接排放；

$N_2O_{秸秆焚烧}$——田间秸秆焚烧 N_2O 排放。

$$N_2O_{土壤}=\sum(T_ia_i) \tag{2-5}$$

式中 T_i——不同作物种植面积；

a_i——不同作物 N_2O 排放因子。

农田本底系数的选择，以不施肥农田且将作物罩进去的资料数据为基础。在农田 N_2O 排放通量研究中，大部分试验采用封闭箱式法，把作物罩进去，作物排放包含在本底排放之中，根据前人的研究结论，分别选取0.78水稻、0.55冬小麦、0.66大豆、0.47玉米、1.81蔬菜和0.76其他旱作物的本底排放系数。

$$N_2O_{直接}=(N_{化肥}+N_{粪肥}+N_{秸秆})\times EF_N \tag{2-6}$$

式中 $N_2O_{直接}$——含有氮元素的肥料直接排放的 N_2O 总和；

$N_{化肥}$——化肥含氮量；

$N_{粪肥}$——粪肥含氮量；

$N_{秸秆}$——还田秸秆含氮量；

EF_N——N_2O 排放系数，取值0.0057。

$$N_{粪肥}=\sum(人或畜禽粪便排泄氮量\times排泄物还田比例) \tag{2-7}$$

$N_{秸秆}$＝（作物籽粒产量/经济系数－作物籽粒产量）×
秸秆还田率×秸秆含氮量＋作物籽粒产量/经济系数×
根冠比×根或秸秆含氮量　（2-8）

$N_2O_{间接}=N_2O_{沉降}+N_2O_{流失}$
$=(N_{粪肥}\times 20\%+N_{输入}\times 10\%)\times 0.01+N_{输入}\times 20\%\times 0.0075$
（2-9）

式中　$N_2O_{间接}$——N_2O 间接排放量引起的 N_2O 排放；
$N_2O_{沉降}$——氮沉降引起的 N_2O 排放；
$N_2O_{流失}$——氮淋溶引起的 N_2O 排放；
$N_{输入}$——化肥、粪肥和秸秆还田的氮输入值。

$N_2O_{秸秆焚烧}$＝（作物籽粒产量/经济系数－作物籽粒产量）×
秸秆含氮量×焚烧率×N_2O 焚烧排放系数　（2-10）

式中，N_2O 焚烧排放系数为 0.007。

式(2-7) 中：人粪尿的计算按照农村人口计算，人口数量和成人人口数量的折算比率为 0.85，人或畜禽粪便排泄氮量及还田比例参见表 2-3。

式(2-8) 为还田秸秆氮含量计算方法，主要农作物参数参见表 2-2。

表 2-3　人或畜禽粪便排泄氮量和还田比例

种类	猪	牛	羊	家禽	兔	人
氮排泄量/{kg/[头(人)·a]}	2.5	26.4	8.9	0.22	0.36	0.69
还田率/%	65	30	33	45	45	33

4. 种植业碳排放强度的核算

种植业碳排放强度可以通过如下指标反映：

$$I_p=GHG/P \quad (2\text{-}11)$$

式中　I_p——单位产值碳排放强度；
GHG——温室气体排放总量；
P——种植业总产值。

$$I_c=GHG/C \quad (2\text{-}12)$$

式中　I_c——单位产量碳排放强度；
C——农作物产量。

$$I_m=GHG/S \quad (2\text{-}13)$$

式中　I_m——单位播种面积碳排放强度；

S——播种面积。

三、山东省种植业温室气体排放现状

1. 山东省种植业温室气体排放总量

由于 CO_2、CH_4 和 N_2O 3 种温室气体的增温效应各不相同，根据 IPCC 第 4 次评估，CH_4 和 N_2O 百年尺度上的增温潜势分别是 CO_2 的 25 倍和 298 倍，表 2-4 中温室气体的排放量为采用换算系数折算后的排放量。经统计，自 2000 年以来，山东省种植业温室气体排放总量总体呈先增加后降低的趋势，2005 年排放量最高，达 1342.4×10^4t 碳，较 2000 年增加 6.6%，随后下降，2016 年为 1262.2×10^4t 碳，较 2005 年降低 6.0%，基本与 2000 年持平（表 2-4）。从温室气体构成来看，种植业生产中 CO_2、CH_4 和 N_2O 的碳排放量分别占总排放量的 62.5%～65.2%、2.0%～2.7% 和 32.6%～34.8%。2000～2010 年，CO_2 排放比例增加 2.7 个百分点，CH_4 和 N_2O 排放比例则分别降低 0.5 个百分点和 2.2 个百分点；2010～2016 年，CO_2 排放比例逐年降低，6 年间下降了 1.1 个百分点，CH_4 排放比例基本不变，N_2O 排放比例升高。可见，CO_2 仍是山东省种植业温室气体的主要贡献者，这与农业现代化过程中农用物资生产能源投入的增加和农用机械的普及等有关。

表 2-4 山东省种植业温室气体总排放量

年份	CO_2 /10^4t 碳	CH_4 /10^4t 碳	N_2O /10^4t 碳	GHG /10^4t 碳	I_p /(kg 碳/元)	I_c /(kg 碳/kg)	I_m /(t 碳/hm^2)
2000	787.3	34.4	437.9	1259.6	0.97	0.100	1.09
2005	865.4	26.5	450.5	1342.4	0.66	0.094	1.25
2010	850.4	28.6	425.1	1304.1	0.36	0.086	1.21
2011	844.0	28.3	425.5	1297.8	0.34	0.084	1.19
2012	846.9	28.4	433.3	1308.6	0.33	0.083	1.20
2013	842.4	28.3	434.0	1304.7	0.29	0.081	1.19
2014	830.3	28.4	432.7	1291.4	0.27	0.079	1.17
2015	821.3	27.7	432.2	1281.2	0.26	0.076	1.16
2016	809.3	26.2	426.7	1262.2	0.27	0.075	1.15

值得注意的是，山东省单位农业产值温室气体碳排放强度（I_p）和单位

产量温室气体碳排放强度（I_c）呈降低的趋势：前者由 0.97kg 碳/元（2000 年）降为 0.27kg 碳/元（2016 年），减少 72.2%；后者由 0.100kg 碳/kg（2000 年）降为 0.075kg 碳/kg（2016 年），减少 25%。其中，2000～2010 年温室气体排放强度降幅明显，单位农业产值温室气体碳排放强度和单位产量温室气体碳排放强度分别以 0.06kg 碳/元和 0.002kg 碳/kg 的年均递减；2010～2014 年，温室气体排放强度降幅平缓，两者年均仅递减 0.02kg 碳/元和 0.002kg 碳/kg；接下来的两年排放强度相当。2005 年的单位播种面积温室气体碳排放强度（I_m）最高，较 2000 年增加了 14.7%，随后呈降低趋势，至 2016 年每公顷土壤排放 1.15t 碳，较 2005 年减少 8%。

2. 山东省种植业碳排放

从表 2-5 可以看出，山东省 2005 年种植业的碳排放量最高，达 865.3×10^4t 碳，比 2000 年增加 9.9%。2005 年后，碳排放量逐年呈下降趋势，至 2016 年，约降低 56×10^4t 碳，降幅达 6.9%。从表中还可以看出，种植业碳排放量主要来自于农业物资投入引起的碳排放，占总排放量的 81%～83%；能源消耗引起的碳排放仅占 17%～19%。

表 2-5　山东省种植业碳排放　　单位：10^4t 碳

年份	农用物资投入				能源消耗			合计
	化肥	农药	农膜	小计	灌溉	机械	小计	
2000	453.2	69.2	116.6	639.0	128.6	19.7	148.3	787.3
2005	470.7	76.7	171.8	719.2	127.6	18.5	146.1	865.3
2010	450.7	81.3	167.3	699.3	132.0	19.0	151.1	850.4
2011	445.8	81.3	164.9	692	132.9	19.2	152.1	844.1
2012	450.2	79.8	164.8	694.8	132.9	19.2	152.1	846.9
2013	446.0	78.1	165.1	689.2	133.8	19.4	153.2	842.4
2014	440.3	77.1	158.1	675.5	135.4	19.4	154.8	830.3
2015	434.5	74.4	156.2	665.1	136.6	19.5	156.1	821.2
2016	425.3	73.3	154.3	652.9	137.5	18.8	156.3	809.2

农用物资投入中，以化肥生产引起的碳排放最高，占 64.4%～70.9%；其次是农膜，占 18.2%～24.0%；农药占比 10.6%～11.8%。2005 年化肥生产引起的碳排放量最高，达 470.7×10^4t 碳，随后呈降低趋势，2016 年较

2005年减排45.4×10^4t碳。化肥种类引起的碳排放大小依次为：氮肥＞磷肥＞钾肥，前者占化肥引起碳排放量的90％以上，这与山东省氮肥施用量高，且氮肥生产能耗高有关（图2-2）。可见，氮肥引起的碳排放是化学物质碳排放的重中之重，直接影响我省种植业碳排放。农药和农膜生产引起的碳排放呈先增加后降低趋势，分别在2011年和2005年达最高，与2000年相比，分别增加17.5％和47.3％，随后降低，至2016年分别降低9.8％和10.2％。种植业生产的能源消耗碳排放呈逐年增长趋势，2016年156.3×10^4t碳，较2000年增加8×10^4t碳，主要以灌溉引起的碳排放为主，占能源消耗碳排放的87％左右。可见，就种植业碳排放来看，农用物资碳排放占主要地位，种植业碳排放减排重点应放在农用物资投入上，尤其是氮肥；同时耗能碳排放也不容忽视，灌溉优先考虑。

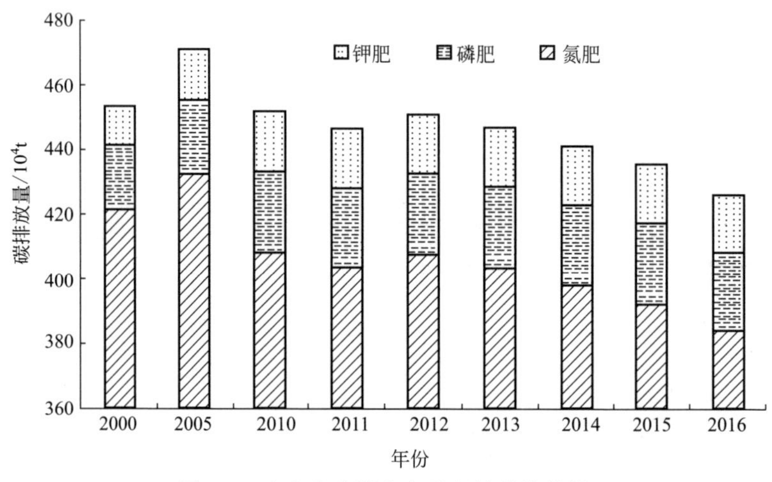

图2-2　山东省化肥生产引起的碳排放量

3. 山东省种植业CH_4排放

2000～2016年山东省种植业CH_4排放呈下降趋势，从2000年的5.0×10^4t碳下降到2016年的3.8×10^4t碳，降低24％（图2-3），这主要与山东省水稻播种面积的降低有关。从种植业CH_4排放源来看，稻田对CH_4排放的贡献最大，占比57.8％～73.6％，且随着稻田CH_4排放量的逐年减少，贡献占比降低。值得注意的是，由于作物产量的增加，秸秆量逐年增加，导致焚烧产生的CH_4排放量逐年增加，2016年较2000年增加22.3％，且排放比重占42.2％，其影响不容忽视。

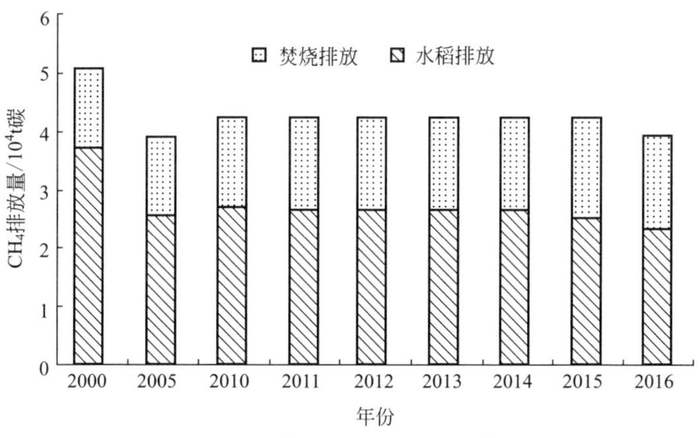

图 2-3　山东省种植业甲烷排放量

4. 山东省种植业 N_2O 排放

2000～2016 年山东省种植业 N_2O 排放量在（3.328～3.527）×10^4t 氮间浮动（表 2-6）。4 种 N_2O 排放源的大小依次为：直接排放＞土壤排放＞间接排放＞秸秆焚烧，分别占总排放量的 48.0%～50.5%、24.4%～27.1%、23.2%～24.5%和 1.1%～1.3%，前 3 项是影响山东省种植业 N_2O 排放的主要来源。相对农业生态系统其他 N_2O 排放源，秸秆田间燃烧产生的 N_2O 排放量最少，但呈逐年增加的趋势，2016 年较 2000 年增加 12.8%。

表 2-6　山东省种植业 N_2O 排放　　单位：10^4t 氮

年份	土壤排放	直接排放	间接排放	秸秆焚烧	总排放量
2000	0.901	1.682	0.807	0.039	3.328
2005	0.860	1.766	0.863	0.039	3.527
2010	0.846	1.647	0.794	0.041	3.429
2011	0.850	1.645	0.794	0.042	3.332
2012	0.851	1.684	0.815	0.043	3.393
2013	0.860	1.682	0.814	0.043	3.398
2014	0.864	1.673	0.808	0.043	3.388
2015	0.863	1.669	0.808	0.044	3.384
2016	0.856	1.644	0.798	0.044	3.341

土壤 N_2O 的排放量受作物播种面积和 N_2O 排放因子的共同影响（图 2-4），2000 年的土壤 N_2O 排放量最高，这与该年全省作物播种面积最大，且 N_2O 排放因子较高的冬小麦、水稻和大豆的播种面积较高有关。2000～2010 年降低趋势明显，2010 年较 2000 年降低 6.1%；2011～2016 年基本在 0.850 万～0.864 万吨内波动。从作物种类来看，蔬菜和冬小麦土壤 N_2O 的排放量最高，分别占土壤 N_2O 排放量的 37.5%～39.9%和 21.1%～25.5%，近年来随着玉米播种面积的增加，玉米土壤 N_2O 的排放量持续升高，2015 年排放量仅次于小麦，排放比占 17.4%。受种植面积的不断减少，水稻、大豆和其他旱作作物土壤的 N_2O 排放量逐年减少，三者对土壤 N_2O 排放量的贡献率由 2000 年的 27.6%下降到 2013 年的 18.2%。

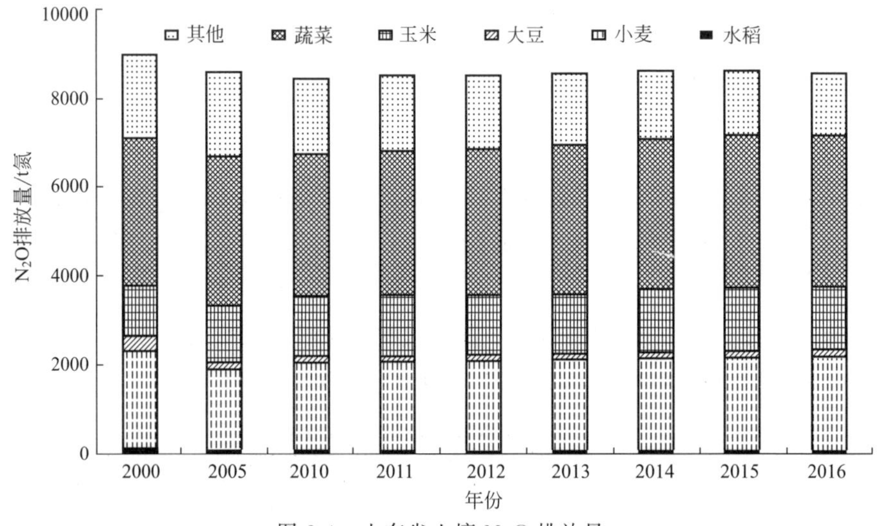

图 2-4　山东省土壤 N_2O 排放量

各种氮源的输入状况决定着农田土壤 N_2O 的直接排放量和间接排放量。农田氮输入主要包括化肥氮、粪肥氮、秸秆还田氮和大气沉降到农田的氮。从表 2-7 可以看出，2000～2016 年总氮输入量在（324.7～349.5）$\times 10^4$ t 氮波动，其中化肥氮为主要输入源，占总氮输入量的 65.6%～71.7%，比重呈降低趋势。化肥氮包括氮肥和复合肥氮，受农民使用习惯的影响，氮肥用量逐年降低，而复合肥氮用量呈增加趋势，一涨一消，化肥氮总输入量呈降低趋势，2016 年较 2000 年下降 10.3%。其次为粪肥氮和沉降氮，分别占总氮输入量的 10.5%～12.6%和 11.2%左右。在秸秆还田政策的引导下，秸秆还田氮呈增加趋势，2016 年秸秆还田氮较 2000 年增加了 63.6%，所占比重也由 2000 年的 6.8%上升到 2016 年的 11.3%。由于化肥氮是最主要的氮源，因此也决定了总氮输入量和土壤直接 N_2O 排放量的变化趋势。

表 2-7　山东省农田氮源数量　　×10^4 t 氮

年份	化肥氮		粪肥氮	秸秆还田氮	沉降氮	总氮输入
	氮肥	复合肥氮				
2000	198.6	39.0	34.9	22.5	36.5	331.5
2005	189.8	52.6	44.1	23.2	39.8	349.5
2010	162.6	64.9	35.6	25.8	36.0	324.9
2011	158.6	65.9	36.3	27.8	36.1	324.7
2012	159.6	67.3	38.5	30.0	37.2	332.6
2013	158.2	66.5	38.2	32.2	37.1	332.2
2014	154.4	67.0	37.1	35.0	36.8	330.3
2015	151.0	67.2	37.8	36.8	36.8	329.6
2016	146.0	67.1	38.5	36.8	36.5	324.9

农田土壤间接 N_2O 的排放包括沉降氮和农田氮素流失而引起的排放。近 16 年来（图 2-5），两种氮源引起的 N_2O 排放变化较平稳，前者在 $361.3\times10^4\sim398.1\times10^4$ kg 氮，约占间接排放总量的 45.6%；后者在 $432.6\times10^4\sim464.7\times10^4$ kg 氮，约占间接排放总量的 54.4%。

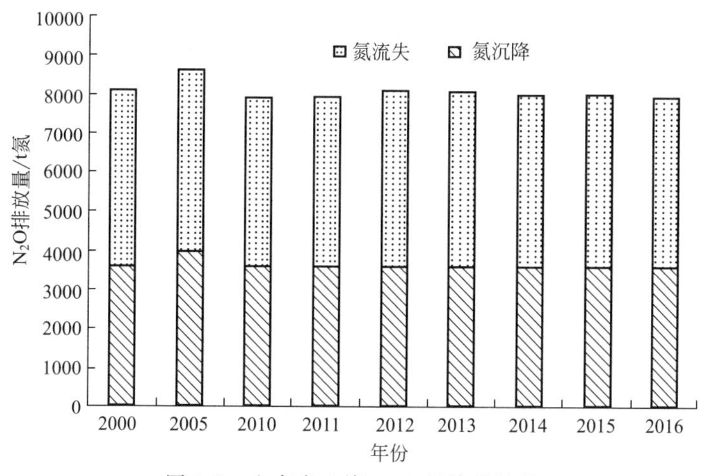

图 2-5　山东省土壤 N_2O 间接排放量

5. 山东省种植业温室气体排放的区域分布

2016 年山东省种植业温室气体排放高值主要分布在潍坊市、菏泽市、临沂市、聊城市、济宁市和德州市，其排放量均在 100×10⁴t 碳以上，6 个地区占全省总排放量的 58.8%；莱芜市的温室气体排放量最低，仅有 10.1×10⁴t 碳（图 2-6）。从排放结构来看，各地区仍然以 CO_2 排放为主，占总排放量的 60%以上，排放最高的前 3 位地区为潍坊市（105.7×10⁴t 碳）、菏泽市（88.3×10⁴t 碳）和临沂市（75.0×10⁴t 碳）；其次为 N_2O，占总排放量的 33%左右，排放最高的前 3 位地区为菏泽市（51.2×10⁴t 碳）、潍坊市（43.8×10⁴t 碳）和聊城市（39.2×10⁴t 碳）；CH_4 比重最小，小于 6%，排放最高的前 3 位地区为临沂市（6.5×10⁴t 碳）、济宁市（6.1×10⁴t 碳）和菏泽市（2.0×10⁴t 碳）。

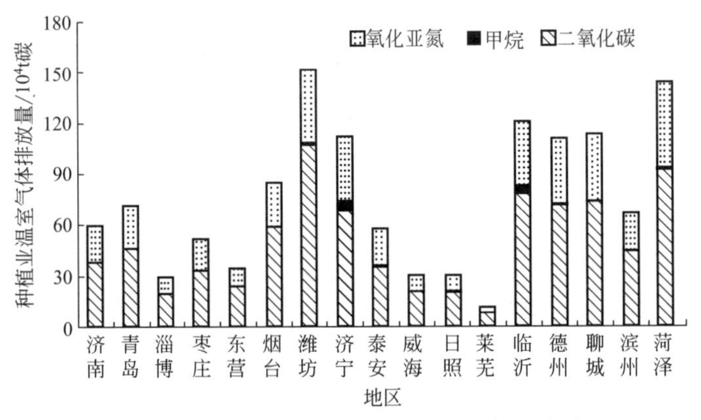

图 2-6　山东省 17 个地市种植业温室气体总排放量

从整体来看，山东省 17 个地市排放源的大小顺序为：化肥生产（CO_2）＞直接排放（N_2O）＞农业灌溉（CO_2）＞农膜生产（CO_2）＞土壤排放（N_2O）＞田间排放（N_2O）＞农药生产（CO_2）＞农业机械（CO_2）＞田间焚烧（CH_4）＞田间焚烧（N_2O）＞水稻种植（CH_4）。化肥生产（CO_2）、直接排放（N_2O）和农业灌溉（CO_2）是温室气体的主要来源，占总排放量的 63.1%（图 2-7）。各地市由于作物种植种类、面积和生产习惯有别，温室气体主要构成来源也有所差异。例如温室气体排放总量最高的潍坊市，设施蔬菜是该区的主要种植作物，复种指数高、肥量大、地膜覆盖广等种植特点，决定了化肥生产（CO_2）、农膜生产（CO_2）和直接排放（N_2O）为该地区的主要排放源，三者占总排放量的 69.6%。菏泽市由于作物播种面积最大、施肥量高、灌溉量大，加之猪羊养殖数量高等特点，决定了化肥生产（CO_2）、直接排放（N_2O）和农业灌溉（CO_2）为该地区的主要排放源，三者占总排放量的 66.3%。山东省水稻种植主要分布在临沂市和济宁市，因此两市的水稻种植排放较其他地市高，由第 11 位上升到第 8 位，CH_4 排放对两地市的影响不容忽视。

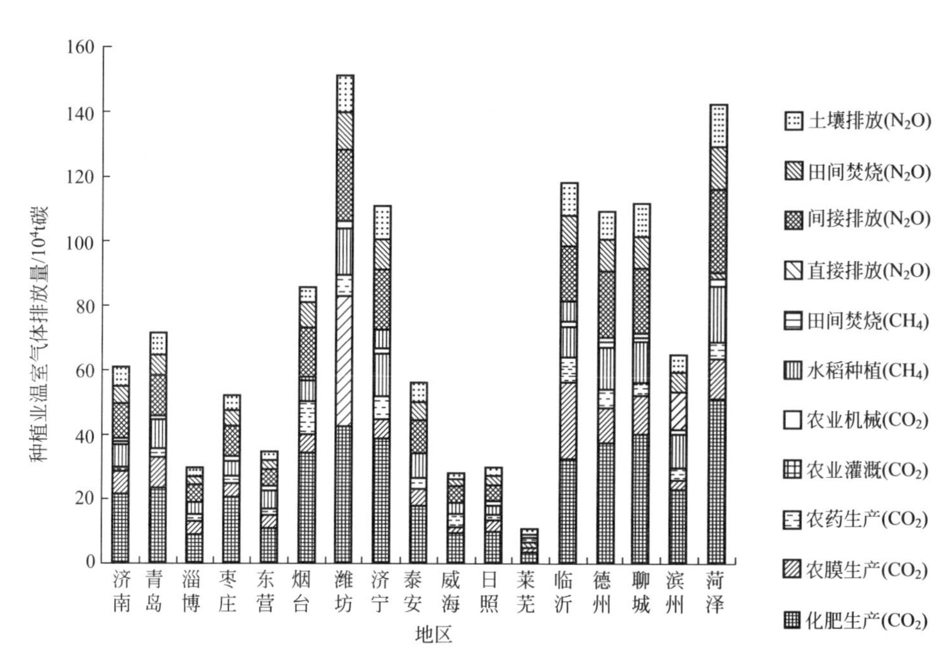

图 2-7 山东省 17 个地市种植业温室气体排放总量来源与构成

四、小结

2016 年山东省种植业温室气体总排放量为 1262.2×10^4t 碳，CO_2、CH_4 和 N_2O 的碳排放量依次为 809.3×10^4t、26.2×10^4t 和 426.7×10^4t，分别占种植业温室气体排放总量的 64.1%、2.1%和 33.8%。2005 年山东省种植业温室气体排放量最高，随后呈下降趋势，2016 年与 2000 年排放量相当，较 2005 年减少 80.2×10^4t 碳，降幅达 6.0%。2011～2016 年间，CO_2、CH_4 和 N_2O 的碳排放量占比中，CO_2 略有降低，CH_4 和 N_2O 有所上升。17 个地市中，潍坊市和菏泽市的温室气体排放量在 140×10^4t 碳以上，占全省总排放量的 23.2%；温室气体排放量在 100×10^4t 碳以上的还包括临沂市、聊城市、济宁市和德州市，以上 6 个地区占全省总排放量的 58.8%。

2000～2016 年，山东省单位农业产值温室气体碳排放强度和单位产量温室气体碳排放强度逐年降低。前者由 2000 年的 0.97kg 碳/元降到 2016 年的 0.27kg 碳/元，下降 72.2%；后者由 0.100kg 碳/kg 降为 0.075kg 碳/kg，降低 25%。2005 年的单位播种面积温室气体碳排放强度最高，较 2000 年增加了

14.7%，随后逐渐降低，至2016年每公顷土壤排放1.15t碳，较2005年减少8%，但较2000年增加5.5%。

从山东省温室气体排放结构来看，化肥生产（CO_2）、直接排放（N_2O）、农业灌溉（CO_2）、农膜生产（CO_2）和土壤排放（N_2O）是主要排放源，占总排放的81.9%。其中，化肥生产引起的碳排放中以氮肥生产的贡献最大，占化肥生产排放的90%以上；土壤N_2O排放以蔬菜和冬小麦地排放为主，占土壤排放的64.3%，近年来随着玉米播种面积的增加，玉米土壤中N_2O的排放量持续升高，2015年排放量仅次于小麦，排放比占17.4%；直接排放以化肥氮使用引起的N_2O排放为主，占直接排放的74.0%以上。经统计，化肥中氮肥的生产和使用所引起的温室气体排放平均达到570.4×10^4t碳，占山东省温室气体总排放量的44.1%。可见，山东省农业温室气体减排可以从减少化肥尤其是氮肥的生产和使用、提高水肥和农膜的利用率、优化作物种植结构和土壤管理等方面入手。

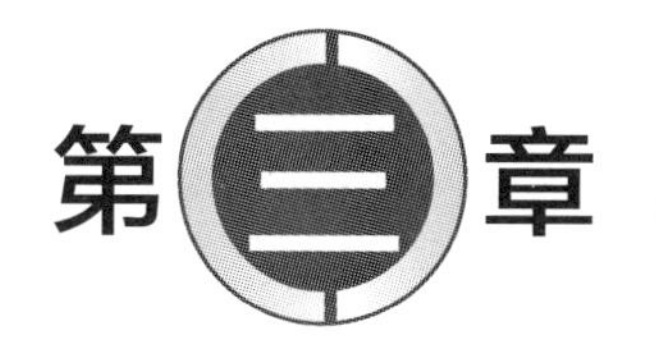

第三章 典型农田温室气体排放规律研究

全球气候变暖是当今人类面临的重大挑战，其主要诱因是大气中温室气体浓度的不断增加。二氧化碳（CO_2）和氧化亚氮（N_2O）被认为是大气中重要的2种温室气体，其对温室效应的贡献率近70%，且每年仍分别以0.5%和0.3%的速度不断增加。据估计，大气中每年有5%～20%的CO_2和80%～90%的N_2O来源于土壤，而农田土壤是温室气体的重要排放源。中国是一个农业大国，拥有着全球7%的耕地面积，养育着占全球22%的人口，为满足人口增长的需求，农业生产中作物种植模式多样化、复种指数高、施肥量大，农田生态系统温室气体的排放升高，已成为人类关注的重点。山东省作为我国的农业大省，开展典型种植模式下农田温室气体排放规律的研究对我国准确合理地估算农业温室气体的排放量、制订合理的温室气体减排技术措施具有重要意义。

第一节 设施蔬菜农田温室气体排放规律研究

一、材料与方法

1. 试验地概况

试验在寿光市古城街道常治官村设施大棚内进行（E 118°42′4.5″，N 36°55′26.4″），属暖温带季风区大陆性气候，四季分明，光照充足。年平均气温12.7℃，年平均降水量593.8mm，年平均日照时数2548.8h。试验点地势平坦，土壤为褐土，0～30cm表土有机质含量为16.6g/kg，速效磷17.5mg/kg，速效钾 174.0mg/kg，硝态氮 44.4mg/kg，铵态氮 6.7mg/kg，pH 值 7.7。试验作物为设施番茄，品种为毛粉，一年种植两茬，分别为秋冬茬（8 月～次年 2 月）和春茬（3～7 月）。根据当地农民生产习惯进行施肥、灌溉和田间管理，具体为每茬口施有机肥 30t/hm^2，化肥折合纯 N 720kg/hm^2、P_2O_5 200kg/hm^2、K_2O 400kg/hm^2。定植前结合整地施入基肥，包括全部有机肥和磷肥，以及 40%的氮肥和钾肥；后期根据作物长势，将剩余的氮钾肥平均分成 6 份进行追施。根据土壤墒情进行灌溉，方式为畦灌，每次灌水量 43.1～78.4mm。

2. 样品采集与分析

温室气体日变化监测：根据设施菜地温室气体季节变化研究，采样时间选取基肥后第 12 天和追肥后第 1 天，分别为 2012 年 8 月 28 日（基肥）、2012 年 12 月 27 日（追肥）、2013 年 3 月 14 日（基肥）和 2013 年 6 月 14 日（追肥），采样当日天气状况晴好。日变化观测从 8:00 开始，至次日 6:00 结束，日间 8:00～18:00 每 2h 采集 1 次气样，夜间每 3h 采集 1 次气样。

温室气体年排放监测：采样一般在 9:00～11:00 进行，平常取样为 3～7d 一次，施肥后连续取样一周，灌溉或降雨后连续取样 2d，冬季为两周一次。采样时将采样箱扣在底座凹槽内并加水密封，扣箱后用 100mL 塑料注射器于 0min、8min、16min、24min、32min 时抽取箱内气体，并准确记录采样时的具体时间和箱内温度。

每次采集气体的同时，测定 0～6cm 土层土壤体积含水量（TZS-1）和 3cm 深度的土壤温度（JM624）。土壤孔隙含水量（WFPS）根据土壤容重和土壤密度（2.65g/cm^3）计算。

气体排放通量采用线性回归法进行计算，公式为：

$$F=(M/V_0)\times H\times(dc/dt)\times[273/(273+T)]\times(P/P_0)\times k \qquad (3\text{-}1)$$

式中 F——目标气体的排放通量，mg/(m^2·h)；

M——气体的摩尔质量，g/mol；

V_0——标准状态下（温度 273K，气压 1013hPa）气体的摩尔体积（$22.41\times10^{-3}m^3$）；

H——采样箱气室高度，cm；

dc/dt——采样箱内气体浓度的变化速率；

P，T——采样时箱内气体的实际压力（Pa）和温度（℃）；

P_0——标准大气压，Pa；

k——量纲转换系数。

3. 数据处理

所得数据使用 Microsoft Excel 进行处理和作图，采用 SAS 软件进行数据分析和回归分析。

二、结果与分析

1. 设施菜地土壤 N_2O 排放的日变化规律

施肥后（2012 年 12 月 27 日除外）设施菜地 N_2O 排放通量具有明显的日变化特征，呈现昼高夜低的单峰形特点（图 3-1）。8:00～12:00，N_2O 排放通量随气温的升高而升高，在 14:00 达到排放高峰，比气温最高值推迟 2h 出现，与 3cm 地温最高值相吻合。14:00 以后，随着气温的下降，N_2O 排放通量迅速回落，6:00～8:00 降到一天的最低值。2012 年 12 月秋茬追肥后 N_2O 排放通量变化比较平稳，在 10:00 以后一直维持在 159.9～193.5μg N/(m^2 · h)，没有明显的排放峰值。一方面土壤温度较低，维持在 12.9～15.1℃，平均 13.9℃，不在硝化作用（25～35℃）和反硝化作用（30～67℃）的最适温度范

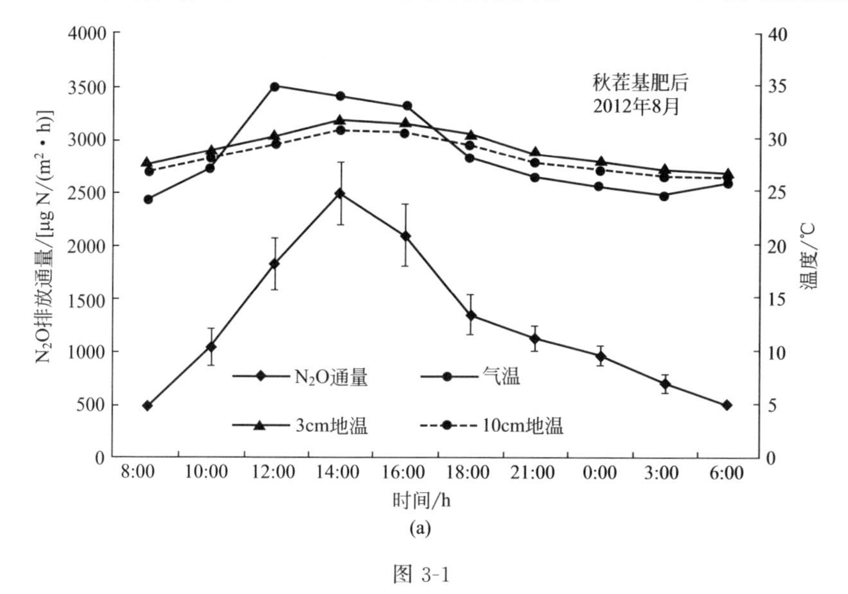

图 3-1

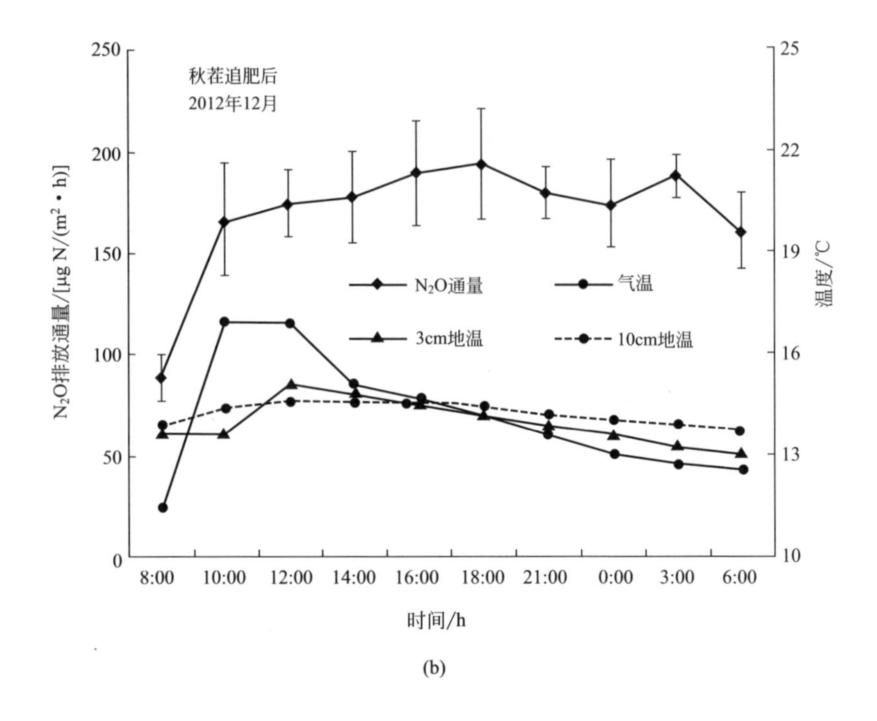
秋茬追肥后
2012年12月
N2O通量
气温
3cm地温
10cm地温
N2O排放通量/[μg N/(m2·h)]
温度/℃
时间/h
250
200
150
100
50
0
25
22
19
16
13
10
8:00
10:00
12:00
14:00
16:00
18:00
21:00
0:00
3:00
6:00

(b)

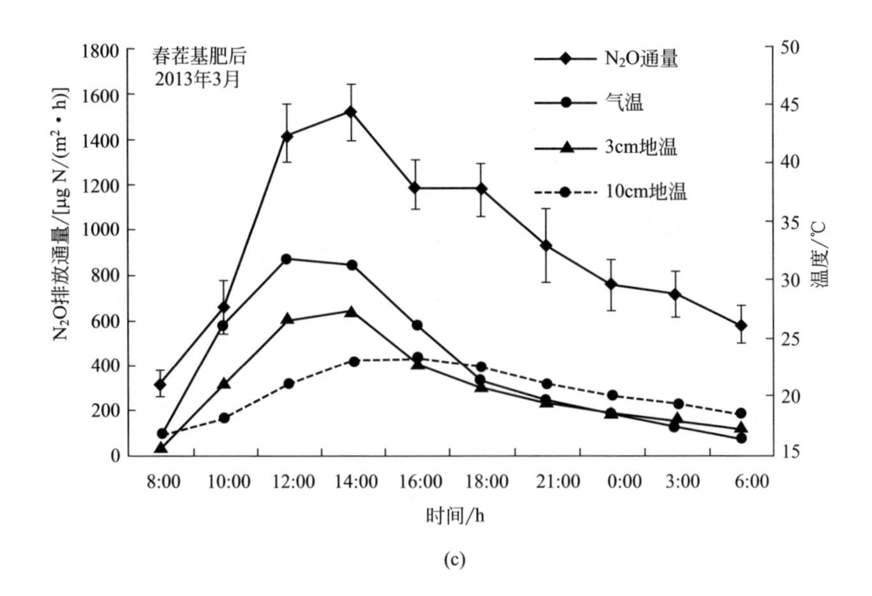
春茬基肥后
2013年3月
N2O通量
气温
3cm地温
10cm地温
N2O排放通量/[μg N/(m2·h)]
温度/℃
时间/h
1800
1600
1400
1200
1000
800
600
400
200
0
50
45
40
35
30
25
20
15
8:00
10:00
12:00
14:00
16:00
18:00
21:00
0:00
3:00
6:00

(c)

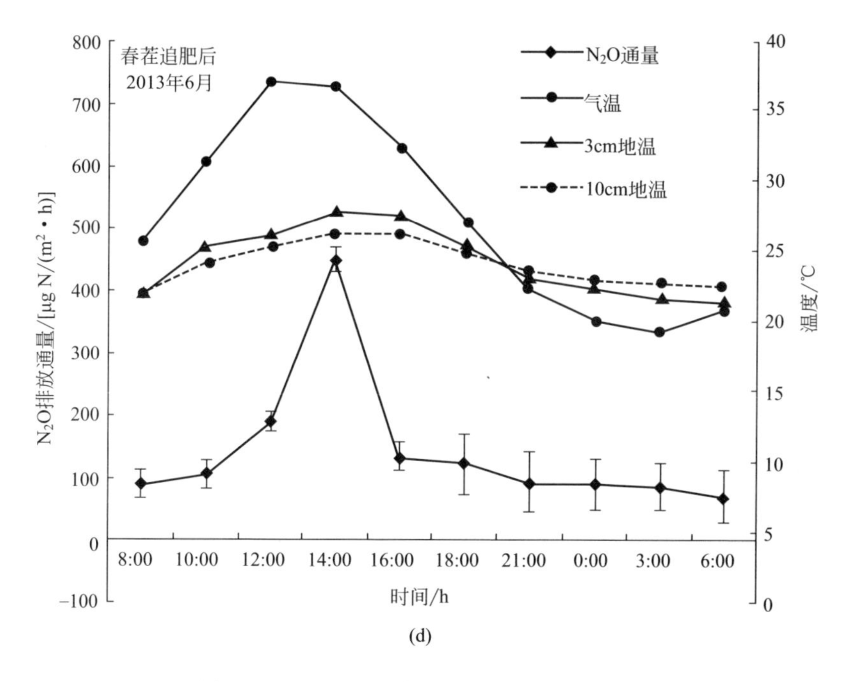

图 3-1　施肥后设施菜地 N_2O 排放通量变化

围，因此未出现 N_2O 排放峰；另一方面由于刚施过氮肥，提高了土壤中的 NO_3^- 浓度，故 N_2O 排放通量较高。受基肥高施氮量的影响，即使基肥施入后第 12 天的 N_2O 排放通量仍远高于追肥后第 1 天，前者的日平均排放通量是后者的 5.5～6.9 倍。

将日变化的时间尺度细分为昼夜 2 个时间尺度。从表 3-1 可以看出，施肥后仅有 2012 年 12 月 27 日的夜均通量值超过日均通量与昼均通量，而另外 3 次施肥后，昼均通量值显著超过日均通量与夜均通量。可见，施肥后设施菜地 N_2O 的排放主要以白天为主。此外，N_2O 的日排放通量具有明显的季节性，表现为冬春两季，N_2O 的夜间排放量较高，占总日排放量的 48.4%以上；夏秋两季，N_2O 则具有较高的日间排放量，排放比例超过 66.8%。

表 3-1　不同季节施肥后 N_2O 排放通量值

采样时间	日均通量 /[μg N/(m² · h)]	昼均通量 /[μg N/(m² · h)]	夜均通量 /[μg N/(m² · h)]	$F_{昼}$ /%	$F_{夜}$ /%
2012.8.28s1	1199.8±117.8b	1373.7±147.5a	956.3±94.5c	66.8±1.8	33.2±1.8
2012.12.27s2	170.7±16.4a	161.6±17.0b	176.1±16.5a	35.5±0.9	64.5±0.9

续表

采样时间	日均通量/[μg N/(m² · h)]	昼均通量/[μg N/(m² · h)]	夜均通量/[μg N/(m² · h)]	$F_{昼}$/%	$F_{夜}$/%
2013.3.14s3	890.0±55.5b	1001.2±28.6a	795.9±80.0c	51.6±2.0	48.4±2.0
2013.6.14s4	133.3±28.8b	163.6±20.2a	90.9±40.9c	72.6±6.8	27.4±6.8

注：1. s1、s2、s3 表示昼通量计算时间分别为 5:00～18:00，8:00～16:00，7:00～17:00，其余为夜通量计算时间。

2. $F_{昼}$ 表示昼间排放量与整日排放量的比例，$F_{夜}$ 则为夜间排放量与整日排放量的比例。

3. 同一行小写字母表示 0.05 水平上的变异显著水平。

2. 设施菜地土壤 N_2O 排放日变化与温度的关系

温度和水分是影响 N_2O 通量的主要环境因素，但本研究的观测时间较短，土壤、水分（土壤 WFPS 介于 35%～57.5%，变化范围仅有 1%～3%，可以将此作为稳定指标看待）相对稳定，不受降水等其他外界因素影响。有研究表明，温度是制约 N_2O 日变化的关键因素。表 3-2 是 N_2O 通量日变化与气温和不同地温相关性的分析，结果表明，除 2012 年 12 月份追肥外，其他 3 次施肥后 N_2O 排放通量与气温、3cm 地温和 10cm 地温均呈显著或极显著正相关关系，与 3cm 地温的相关性最好，说明温度是影响 N_2O 排放的主要因素。

表 3-2　设施菜地土壤 N_2O 通量日变化与温度的相关性

气体	温度	2012 年 8 月 28 日	2012 年 12 月 27 日	2013 年 3 月 14 日	2013 年 6 月 14 日
N_2O	气温	0.931 **	0.453	0.823 **	0.696 *
	3cm 土温	0.960 **	0.275	0.923 **	0.691 *
	10cm 土温	0.959 **	0.446	0.907 **	0.665 *

注：* 表示 0.05 水平上显著相关。** 表示 0.01 水平上显著相关。

3. 设施菜地土壤 N_2O 排放最佳观测时间的确定

N_2O 的排放具有很大的时空变异性，为了增强观测结果的代表性，选取一个能代表日均通量的时间段尤为重要。表 3-3 是不同季节施肥后 N_2O 排放的校正系数，可以看出，3 月份 N_2O 通量的校正系数在 10:00～12:00 和 18:00～21:00 接近于 1，说明在白天和晚上都能找到一个代表当天 N_2O 平均排放通量的时间段，并可以选为采集 N_2O 的最佳时间。同理，6 月份 N_2O 通量的最佳观测时间为 10:00～12:00 和 16:00～18:00，8 月份为 10:00～12:00 和 18:00～21:00，12 月份除 8:00 外，其他时间都可以。本研究表明，白天和晚上都能找到代表日均通量的时间段，不同季节施肥后白天的最佳观测时间均为10:00～12:00；而晚上的最佳观测时间段则不一致，18:00是共有的采样时刻。由于施肥后各时间段N_2O排放的校正系数差别较大，如8月份8:00的校正系数是10:00的2倍，如果在此时间取样，而不进行校正的话，会大大低估N_2O的排放量。因此，采样时应尽量避开类似变化较大的时间段采样，而选择校正系数在1.0附近，变化平稳的时间段采样。然而实际生产中，由于封闭性的小气候特点，设施菜地气温往往高于外界，尤其是夏季，为便于劳作，人们多选择在5:00～8:00或17:00～19:00进棚，若在此时间段采集N_2O样品，建议乘以校正系数，以便得到更加准确的测量结果。

表3-3　N_2O排放校正系数

时刻	2012年		2013年		时刻	2012年		2013年	
	8月	12月	3月	6月		8月	12月	3月	6月
0:00	1.3	1.0	1.2	1.5	12:00	0.7	1.0	0.6	0.7
3:00	1.7	0.9	1.3	1.6	14:00	0.5	1.0	0.6	0.3
6:00	2.4	1.1	1.6	1.9	16:00	0.6	0.9	0.8	1.0
8:00	2.5	1.9	2.8	1.5	18:00	0.9	0.9	0.8	1.1
10:00	1.2	1.0	1.4	1.3	21:00	1.1	1.0	1.0	1.5

4. 设施菜地土壤N_2O年排放规律及其影响因素

由图3-2显示的排放通量动态可见，各处理N_2O排放通量一般在0～50μg N/(m^2·h)，较强N_2O排放主要发生在每次施肥＋灌溉或单纯灌溉事件之后的一段时间，2012年秋茬～2013年春茬两季峰值持续的时间约占全年的37%，N_2O排放量却占全年总排放量的70%以上。每季基肥施氮量占总施氮量的40%，排放峰最高，2012年秋茬约达8400μg N/(m^2·h)，且因短时间内连续浇水，排放峰持续时间较长，约20d。追肥施肥量较少（占总施肥量的10%左右），而且番茄植株吸氮量较高，因此由追肥引起的排放峰较小，介于50～200μg N/(m^2·h)。

许多研究已表明，温度是影响土壤N_2O排放的重要环境因子。本研究中设施菜地两季作物的N_2O排放通量与3cm地温呈显著性相关[图3-3(a)]。而土壤N_2O通量与WFPS也可以用一元二次方程拟合，呈极显著性相关[图3-3(b)]，说明设施菜地内温度和WFPS是影响土壤N_2O排放的因素。

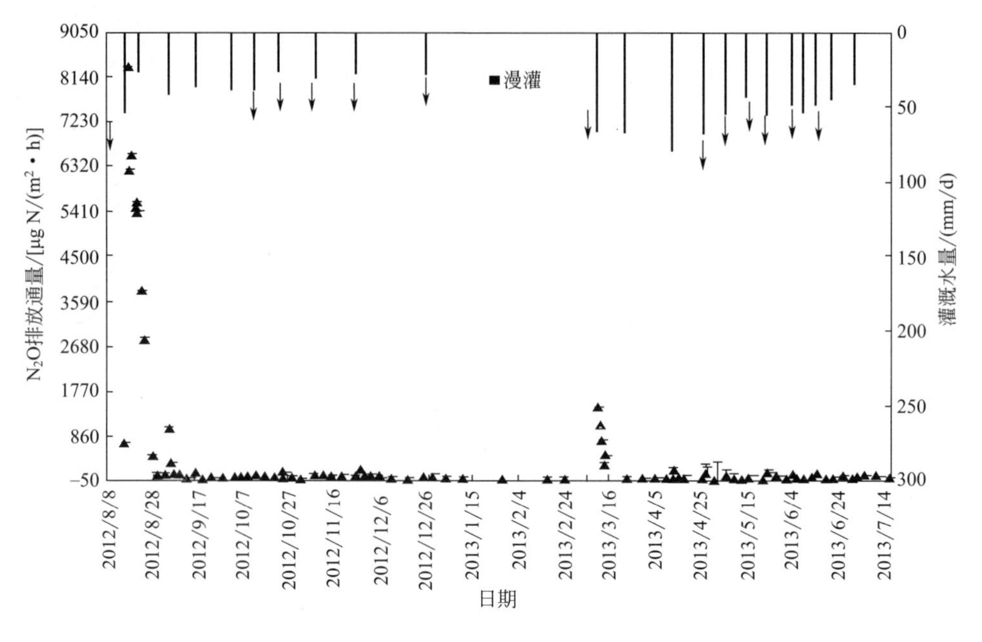

图 3-2　设施菜地的 N_2O 排放通量动态

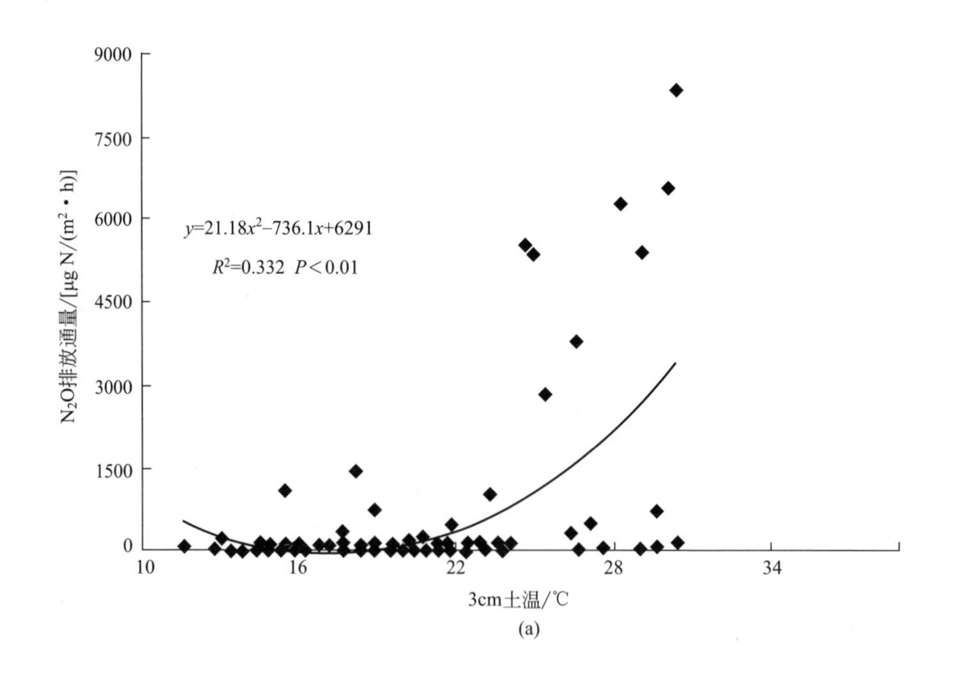

(a)

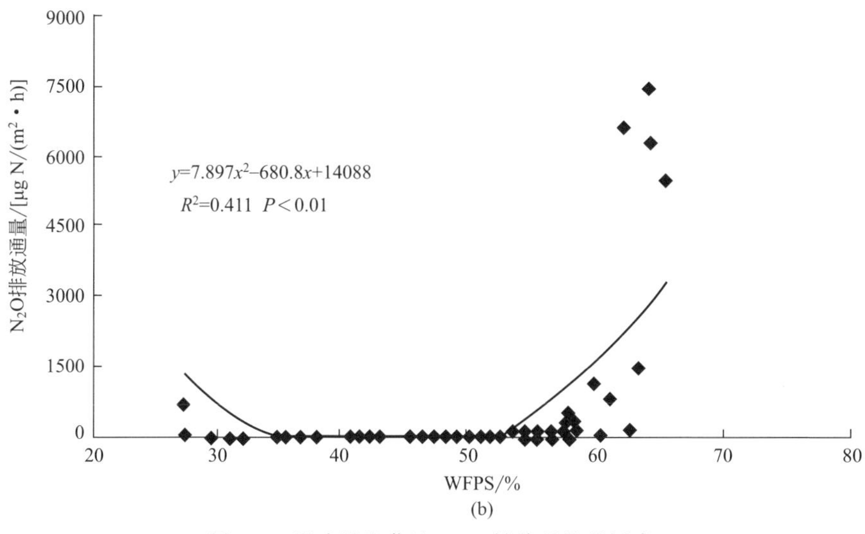

(b)

图 3-3　影响设施菜地 N_2O 排放通量的因素

5. 设施菜地土壤 CO_2 年排放规律及其影响因素

图 3-4 为设施菜地生态系统总呼吸 CO_2 排放通量的动态观测值。生长期内，生态系统总呼吸 CO_2 排放通量呈升高-降低-升高-降低的趋势。2012 年秋茬基肥施入后，有个明显的生态系统总呼吸 CO_2 排放通量的脉冲，主要因为有机肥的施入带入大量有机碳，在高温高湿环境中迅速矿化；再者，有机肥和

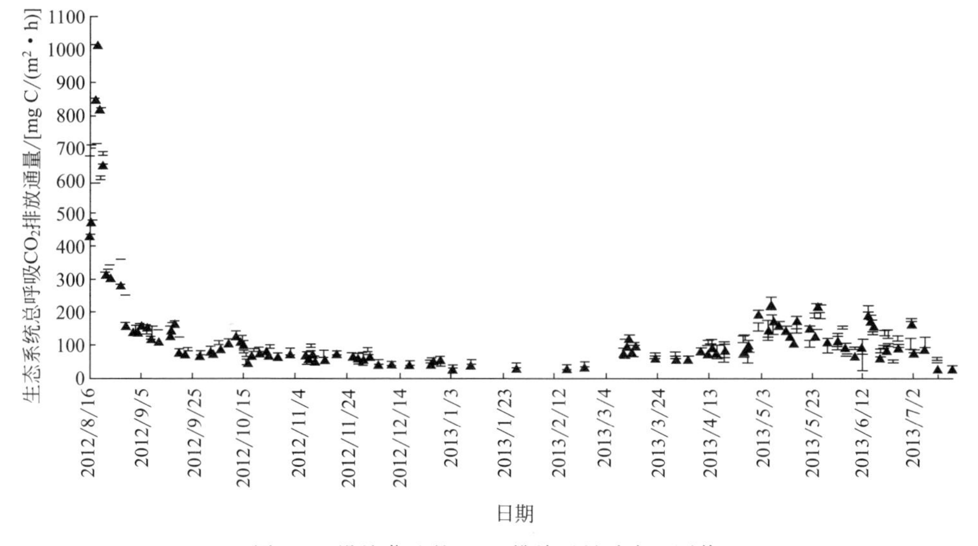

图 3-4　设施菜地的 CO_2 排放通量动态观测值

化肥的施入，提供了充足的碳源和氮源，微生物活性大大增加，从而出现生态系统总呼吸 CO_2 排放峰。而2013年春茬没有出现排放峰值，可能与施用的有机肥碳含量低，无法给微生物提供充足的碳源有关。随着番茄生物量的增加和温度的升高，生态系统总呼吸 CO_2 排放通量有升高趋势，但峰值远小于基肥施入时引起的排放峰值。至番茄收获，生态系统总呼吸 CO_2 排放通量略有降低。2012年秋冬茬，生态系统总呼吸 CO_2 排放通量范围在16.0～1012.9mg C/(m^2·h)，平均为160.2mg C/(m^2·h)。2013年春茬，生态系统总呼吸 CO_2 排放通量范围在10.5～227.3mg C/(m^2·h)，平均为120.2mg C/(m^2·h)。

相关分析表明，设施菜地生态系统总呼吸 CO_2 排放通量与3cm土温可以用指数方程拟合，WFPS可以用一元二次方程拟合（图3-5），两者之间的曲线拟合度较高，呈显著性相关；说明温度和水分都是生态系统总呼吸 CO_2 排放通量的影响因素。

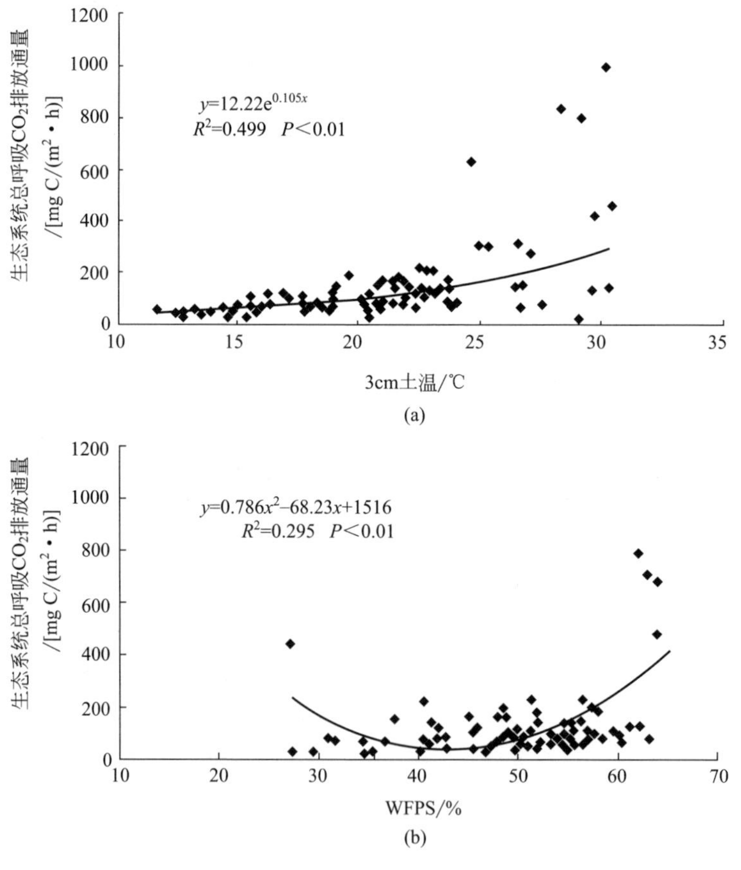

图3-5 影响设施菜地 CO_2 排放通量的因素

6. 设施菜地土壤 CH_4 年排放规律及其影响因素

从图 3-6 可以看出，设施菜地 CH_4 排放通量没有明显季节性，基本在 0 附近波动，观测中有 13.3%的数据表现向大气净排放 CH_4，总体上表现为大气 CH_4 汇。CH_4 排放通量范围为 −720.1～129μg C/(m^2 · h)，平均排放通量为 −32.9μg C/(m^2 · h)。

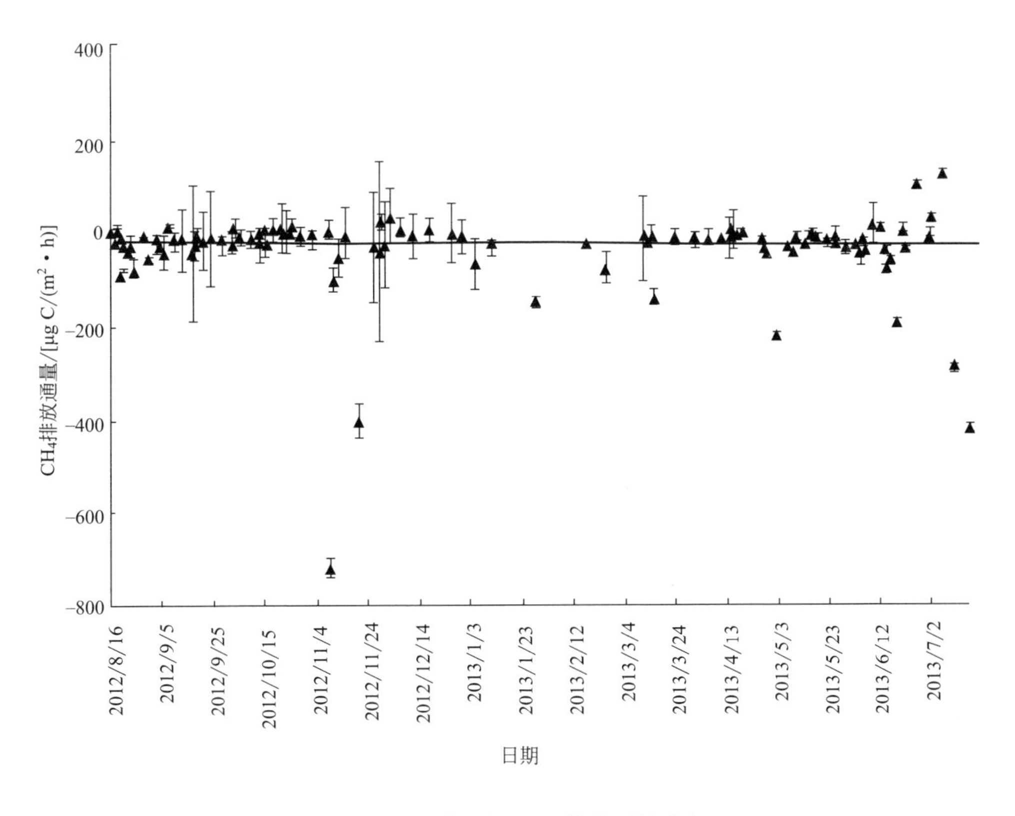

图 3-6　设施菜地的 CH_4 排放通量动态

相关分析表明，设施菜地 CH_4 通量与 3cm 土温和 WFPS（土壤孔隙含水量）没有呈显著性相关（图 3-7），说明土壤温度和水分不是影响设施菜地土壤氧化吸收 CH_4 的主要因素。

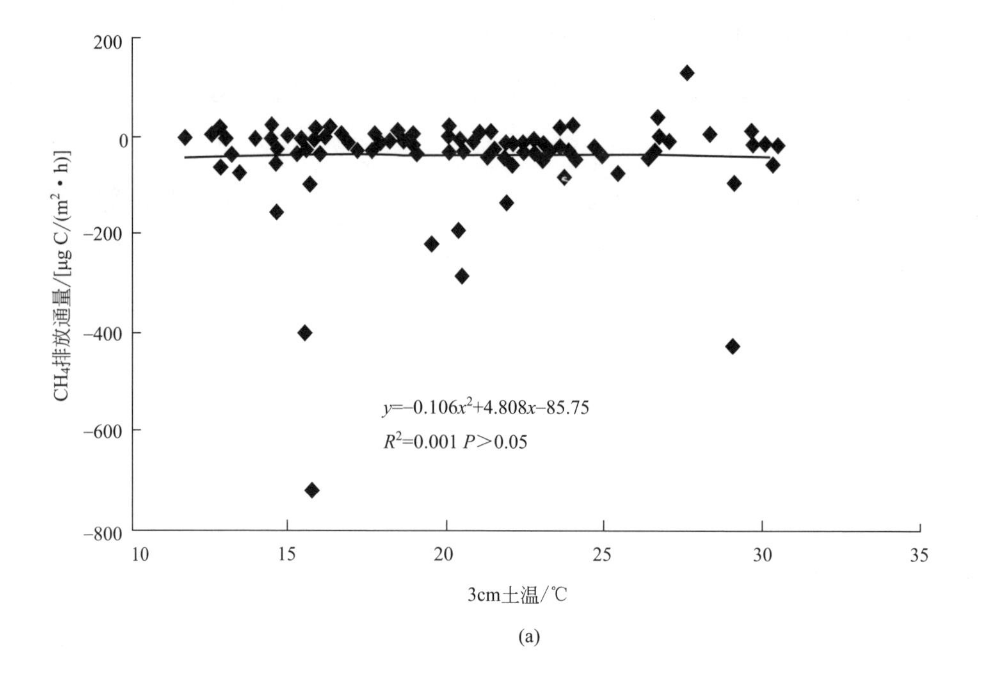

(a)

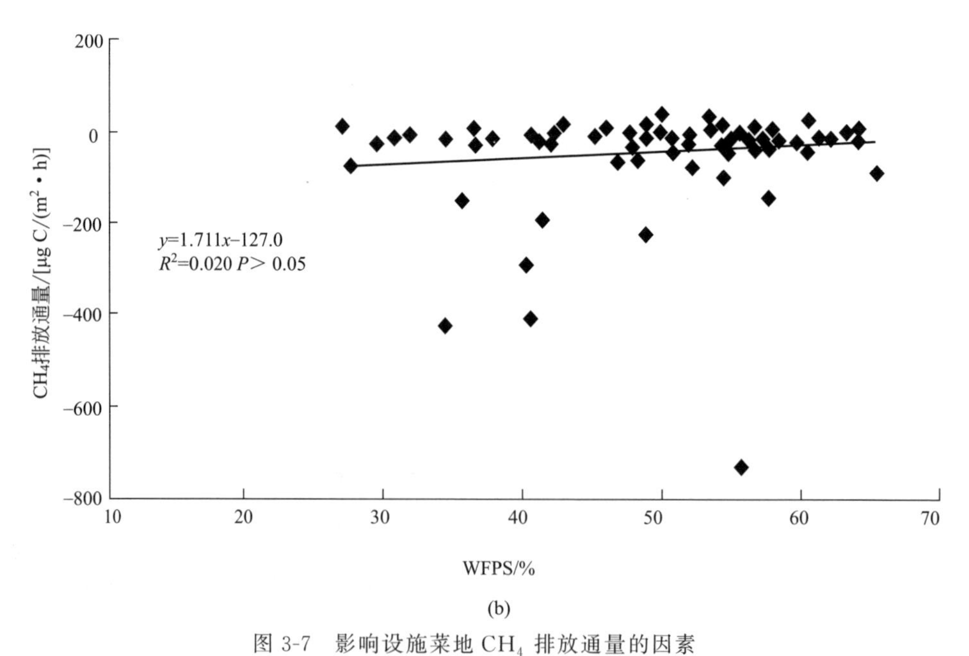

(b)

图 3-7　影响设施菜地 CH_4 排放通量的因素

第二节 设施白菜-芹菜温室气体排放规律研究

一、材料与方法

1. 试验地概况

试验于2011年8月至2012年6月在北京市大兴区留民营生态农场温室中进行，其间种植大白菜和芹菜各一茬。留民营生态农场地处北京南郊平原（东经116°13′，北纬39°26′），土壤类型为砂质壤土，0～30cm土层土壤有机质含量23.2g/kg，全氮11.8g/kg，有效磷60.2mg/kg，速效钾160.7mg/kg，EC（水∶土＝2.5∶1）275μS/cm，pH（水∶土＝5∶1）7.9。由于试验开始前此地块多年施用有机肥，整体土壤肥力偏高。

供试作物为大白菜，品种为北京新3号，于2011年8月12日播种，9月5日定植，定植密度50000株/hm^2，11月9日收获，全生育期为89d。试验施用肥料为鸡粪沼气发酵后的沼渣，取自北京市大兴区留民营沼气站。沼渣［N 1.12%，P_2O_5 4.63%，K_2O 0.89%，OM（有机质）22.84%，pH值8.49］全部作为底肥在试验开始前一次性施入。

供试作物为法国西芹，于2012年3月31日定植，定植密度33万株/hm^2，6月19日收获，田间生长周期为80d。试验用有机肥料取自北京大兴区留民营沼气站，为鸡粪沼气发酵后的沼渣。沼渣（N 1.22%、P_2O_5 3.49%、K_2O 0.74%、OM 22.84%、pH值8.49）全部作为底肥在试验开始前一次性施入，试验期间不再投入其他肥料。

2. 试验设计

试验小区采用裂区设计：以灌溉量为主处理，分H（常规灌溉）和L（减量灌溉，设计为常规灌溉量的80%）两个水平，白菜季总灌溉量分别为195mm和150mm，芹菜季常规灌溉总灌溉量为426mm，减量灌溉总灌溉量为352.8mm；以施沼渣含氮量为副处理，设CK（不施氮）、N1（常规施氮，即当地农民习惯施氮量，450kg/hm^2，以氮计）和N2（减量施氮，为常规施氮量的2/3，即300kg/hm^2，以氮计）3个水平，共计6个处理，分别为减量灌溉不施氮（LCK）、减量灌溉常规施氮（LN1）、减量灌溉减量施氮（LN2）、常规灌溉不施氮（HCK）、常规灌溉常规施氮（HN1）和常规灌溉减量施氮（HN2）。试验设 3 次重复，共计 18 个小区，小区面积为 $5m\times6m=30m^2$。除施氮和灌溉量外，各小区其他管理措施均保持一致。

3. 样品采集与分析

温室气体排放监测：采用密闭式静态箱法。箱体由 2 部分组成：上部箱体为粘有透明有机玻璃的聚氯乙烯（PVC）管（直径 16cm、高 5cm），有机玻璃圆心处装有橡胶塞和三通阀，底部开口可以罩在底座上；下部底座为外围有水槽的 PVC 管（高 19.5cm）。芹菜定植前将底座插入土中，采样时水封槽内注满水，将上部箱体扣上后，形成密闭性气体空间。在利用三通阀原理采集气体时，先将 20mL 医用塑料注射器与箱体连接，来回抽取排出气体 5 次，以混匀箱内气体，然后抽取气样注入已抽真空的 12mL 玻璃收集瓶中分析。

采气时间为 9:30～10:30，分别在 0min、20min、40min、60min 时各采集 1 次气体，同时测定棚内气温和 5cm 深度的土层温度。施肥后即连续采样 7d，其后每 4d 采样 1 次，收集 2 次后每周采样 1 次；每次灌溉后第 2 天连续采样 3d，其后每 4d 采样 1 次，收集 2 次后每周采样 1 次。采集气体样的同时，用土钻采集表层 5cm 深土壤带回实验室测定其含水量及无机态氮含量，根据土壤容重将含水率换算为土壤充水孔隙度（water-filled pore space，WFPS）。

采集到的气体浓度采用 Agilent 7890A 气相色谱仪测定，检测器为电子捕获检测器（ECD），测定温度为 330℃，色谱柱为 Porapak Q 柱，柱温 70℃，载气为高纯 N_2，流速为 25L/min。

排放通量计算公式如下：

$$F=\rho h\times\frac{\mathrm{d}c}{\mathrm{d}t}\times\frac{273}{T} \tag{3-2}$$

式中 F——排放通量，$\mu g/(m^2\cdot h)$；

ρ——标准状况下温室气体的密度，N_2O 为 $1.25kg/m^3$；

h——箱内有效空间的高度，m；

$\frac{\mathrm{d}c}{\mathrm{d}t}$——箱内气体浓度随时间的变化率，$\mu L/(L\cdot h)$；

T——采气箱内温度，K。

土壤充水孔隙度（WFPS）计算如下：

$$土壤总孔隙度=1-土壤容重/2.65 \tag{3-3}$$

$$WFPS=(土壤质量含水率\times土壤容重)\times100/土壤总孔隙度 \quad (3\text{-}4)$$

4. 数据处理

试验数据处理软件为 Microsoft Excel，统计软件为 SAS8.1，多重比较用 Duncan 氏新复极差法（SSR），相关性分析采用 Pearson 法。

二、结果与分析

1. 白菜季土壤 N_2O 排放规律

各处理 N_2O 排放的变化趋势基本一致，均为施氮后排放最高，其后逐渐降低；但在 8 月 31 日、9 月 16 日和 10 月 9 日 3 次灌溉后均出现上升趋势，且 3 次释放峰的最大值分别为 763.5μg/(m^2 · h)、129.5μg/(m^2 · h) 和 45.8μg/(m^2 · h)；随着时间的推移，排放峰值逐渐变小。从图 3-8 中可以看出，在白菜生长前期 HN1 处理 N_2O 排放通量最大，最大值为 1416.3μg/(m^2 · h)，后期各处理排放通量相差不大，收获当日各处理排放通量的最大差值仅为 2.41μg/(m^2 · h)。

施氮后的一个月内是 N_2O 排放的重要时期，本试验中 HN1、HN2、LN1 和 LN2 等各施氮处理这一时期排放量分别占到了全生育期的 90.7%、88.1%、85.1%和 80.2%。不施氮处理同期 N_2O 排放也占到了全生育期的 66.5%和 57.4%。

土壤的干湿交替会引发 N_2O 的释放高峰。本试验进行时，温室内温度较高，土壤水分蒸发强度大，2 次灌溉间隔为 15～30d；土壤含水量较低时硝化和反硝化细菌的活性及土壤中 C、N 基质的迁移均受一定程度的影响，N_2O 排放通量也随之降低。灌溉后会迅速激活土壤微生物的活性，进而促进 N_2O 排放。本研究中灌溉只对施氮处理 N_2O 的排放产生了明显的影响，而对不施氮处理的影响较小（图 3-8）；这与武其甫等提出的只有灌溉与施氮相结合时，施氮导致 N_2O 排放增加的效果才会明显表现出来的理论是一致的。所以，在炎热的季节实行少量多次的灌溉，可以减少土壤湿度剧烈变化导致的 N_2O 释放激增。有报道称，温室蔬菜种植中使用滴灌技术可以使 N_2O 排放量的消减率达到 50%以上，相信这项技术将会成为 N_2O 减排的有效措施。

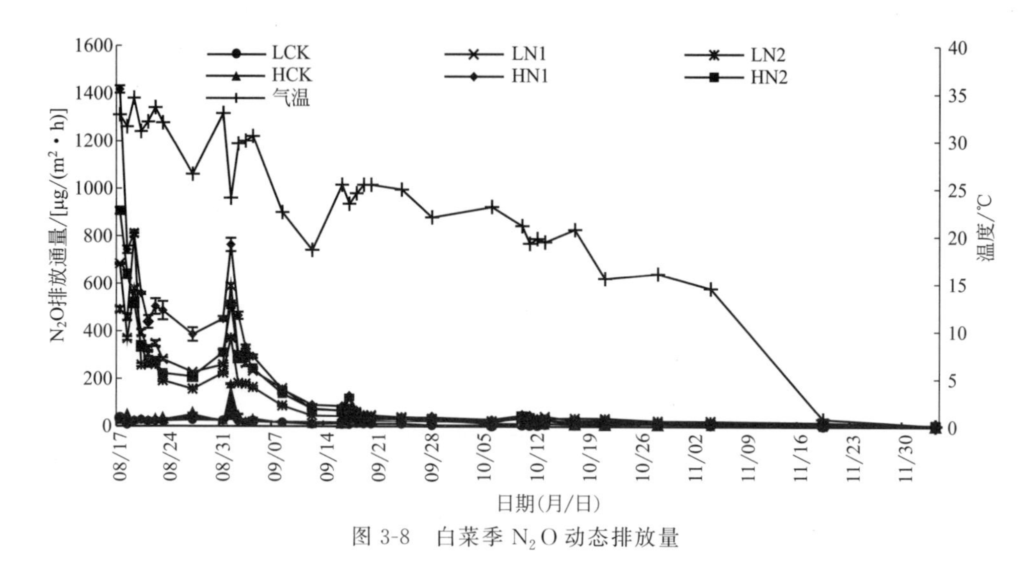

图 3-8 白菜季 N_2O 动态排放量

2. 白菜季土壤 N_2O 排放通量与土壤温度的关系

土壤温度是直接影响土壤中 N_2O 传输速率的物理化学参数，进而影响 N_2O 的生物学产生过程，也是影响 N_2O 排放的重要因素。本试验条件下土壤温度与各处理的 N_2O 排放通量之间均呈极显著指数函数关系，HN1、HN2 和 HCK 处理的相关系数分别达到 0.661、0.540 和 0.413（图 3-9）。在相同地温

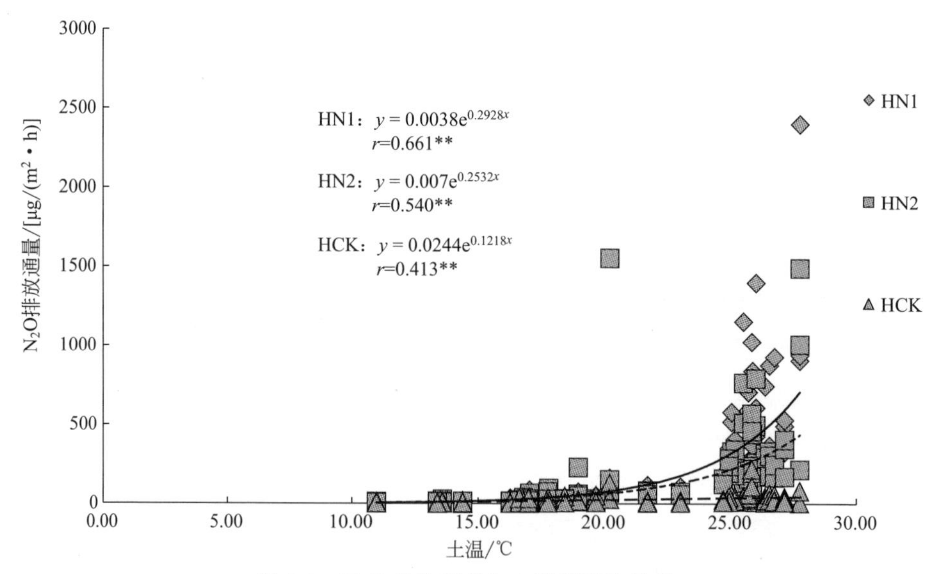

图 3-9 N_2O 排放通量与土壤温度的关系

注：图中 ** 表示相关性达极显著水平（本节同）。

条件下，HN1 处理的排放通量为最高，其次为 HN2 和 HCK，这与张仲新等提出的在一定的施氮量范围内，N_2O 排放通量随氮素施入量的增加而增大的理论是一致的。

3. 芹菜季土壤 N_2O 排放规律

各处理 N_2O 排放的变化趋势基本一致，均为施氮后排放最高，其后逐渐降低（图 3-10）；但在 4 月 6 日、5 月 4 日和 5 月 17 日 3 次灌溉后均出现上升趋势，3 次释放峰的最大值分别为 5107.11μg/(m^2·h)、252.68μg/(m^2·h) 和 40.03μg/(m^2·h)，这可能是由于灌溉在一定程度上增强了土壤硝化及反硝化微生物的活性，同时系统厌氧程度变大导致反硝化作用增强的原因；随着时间的推移，排放峰值逐渐变小。在芹菜定植后 1 周内，各施氮处理的 N_2O 累积排放量达到整个芹菜生育期 N_2O 全部排放量的 64.68%以上，并且在第 17 天时，这个比例超过了 90%；各施氮处理 N_2O 排放通量的排序为 HN1＞LN1＞HN2＞LN2，并且不同灌溉量及不同施氮量处理间均达到显著性差异（$P<0.0001$）。后期各处理排放通量趋于一致，收获当日各处理排放通量无显著差异（$P=0.3001$）。

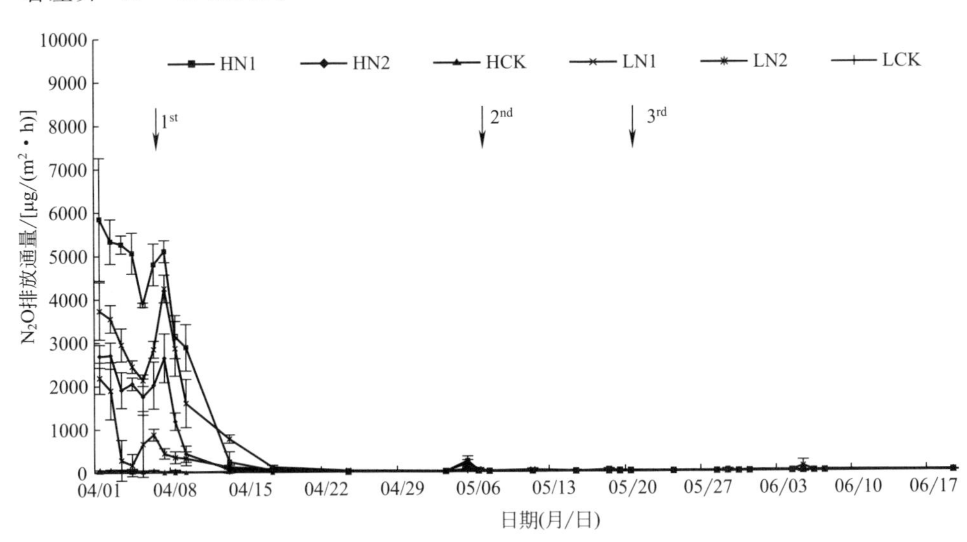

图 3-10　芹菜季 N_2O 动态排放量（箭头表示灌溉）

4. 芹菜季土壤 N_2O 排放影响因素

（1）土壤含水率

土壤含水率状况影响土壤的通气和氧化还原状况，并且通过影响土壤中

NH_4^+-N 和 NO_3^--N 的分布及微生物活性，进而作用于土壤中的硝化和反硝化作用，从而对土壤 N_2O 的排放产生影响。为避免因施肥造成的叠加影响，本文选取不施肥处理（LCK 和 HCK）研究土壤含水率对 N_2O 排放的影响。由图 3-11 可知，WFPS 最大值为 58.70%，N_2O 的产生主要来自硝化过程，且排放通量随着 WFPS 的增大而增加；Pearson 回归分析表明，WFPS（0～5cm）与 N_2O 排放通量之间存在着显著的正相关关系（$r>0.3^*$，* 表示相关性达显著性水平，本节同）。灌溉能够使 WFPS 迅速提升，对 N_2O 的排放起着显著的促进作用，因此，减少灌溉量是减少 N_2O 排放的有效途径。

土壤的干湿交替会引发 N_2O 的排放高峰，与本试验灌溉后出现明显排放峰的现象相一致（图 3-10）；本试验中 N_2O 排放通量随土壤 WFPS 值增大而增加，这主要是由于土壤含水率较低时，硝化和反硝化细菌活性及土壤中 C、N 基质的迁移均受到一定程度的抑制，N_2O 排放通量也随之降低，灌溉迅速激活了土壤微生物的活性，进而促进 N_2O 释放，产生排放峰。

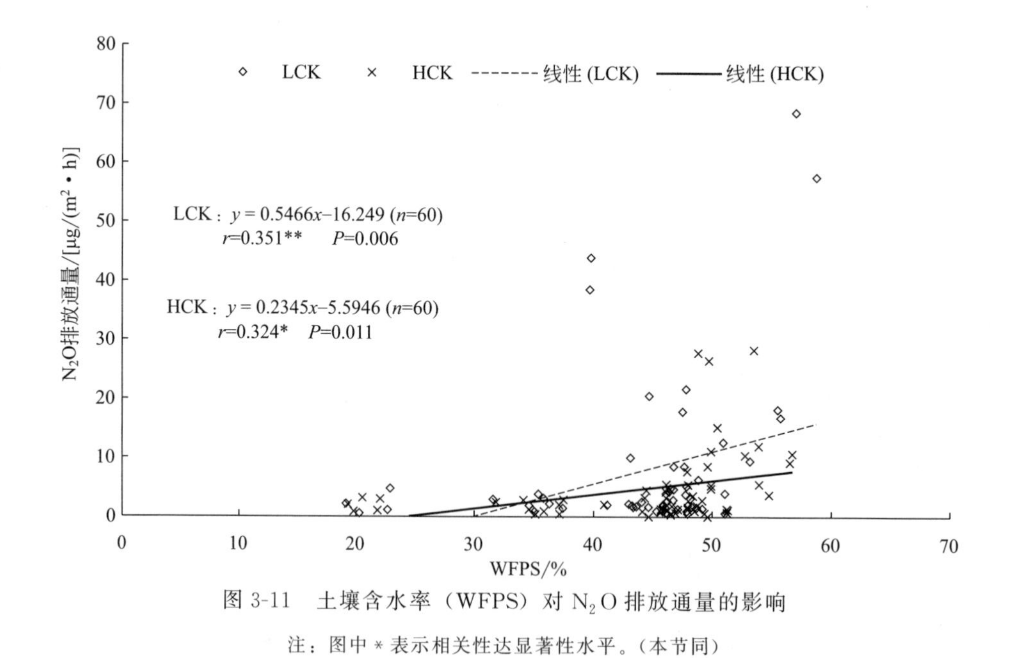

图 3-11 土壤含水率（WFPS）对 N_2O 排放通量的影响

注：图中 * 表示相关性达显著性水平。（本节同）

（2）土壤温度

本试验条件下，HCK 处理的 N_2O 排放通量与地温呈现显著的指数函数关系（$r=0.255$，$P=0.044<0.05$，$n=102$），这与张小洪等得到的结果相一致；而 LCK 与 HCK 处理表现出相反的趋势（图 3-12），即温度越高，

LCK 处理的 N_2O 排放通量越小，可能是由于随着温度升高，土壤中水分蒸发量增大，而 LCK 处理的土壤水分含量较低，使得土壤含水率降低到抑制土壤微生物活性的水平，掩盖了温度对 N_2O 排放通量的影响。试验条件下，土壤温度基本保持在 10～30℃，平均温度达到 21.9℃，具备硝化反应和反硝化反应产生 N_2O 的适宜条件，但是土壤 N_2O 排放通量的最大值并不在气温最高的 6 月而是在 4 月（图 3-12），这可能是由于大量氮素的施入掩盖了土壤温度对于 N_2O 排放的影响。此外，本试验中土壤温度与土壤 WFPS 间无显著相关关系（$r=0.036$，$P=0.611$，$n=200$），这与张小洪等提出的在较低水分条件下，N_2O 释放量随温度的升高而增加，在较高水分条件下，N_2O 释放量随温度的变化不明显的结论不一致。目前关于土壤温度对 N_2O 排放通量影响的研究结论不一，比如：陈海燕等提出土壤 N_2O 排放通量与表层土壤温度并无明显相关关系，但张小洪等对油菜地的研究发现，N_2O 排放通量随地表 5cm 土层土壤温度的升高而增加，N_2O 排放速率随土壤温度的升高呈指数函数上升；本试验中 HCK 和 LCK 处理的土壤温度对 N_2O 排放通量的影响表现也并不一致，因此菜地 N_2O 排放与温度的关系尚需进一步研究。

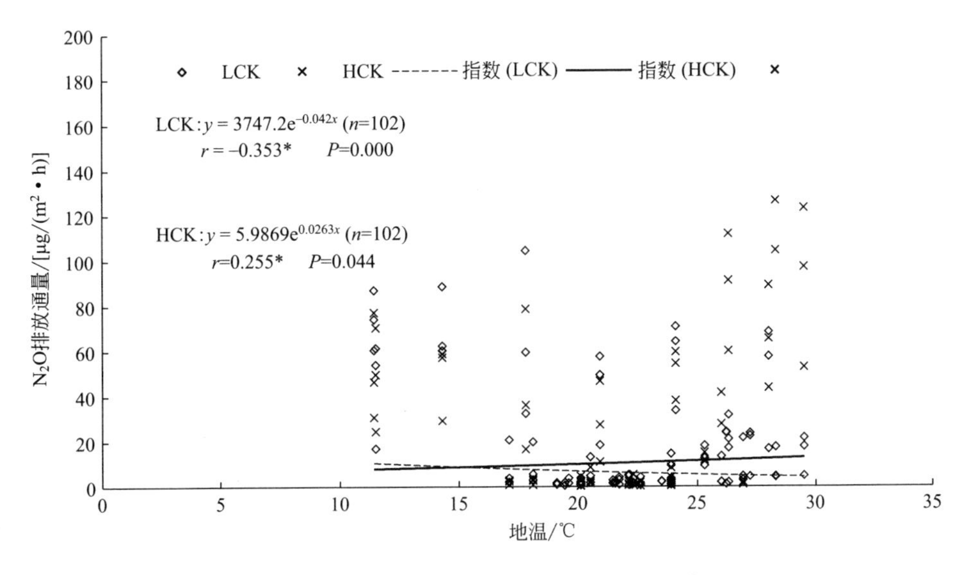

图 3-12　土壤温度对 N_2O 排放通量的影响

（3）土壤无机氮含量

N_2O 主要由生物硝化和反硝化过程产生，而这 2 个过程均受土壤中

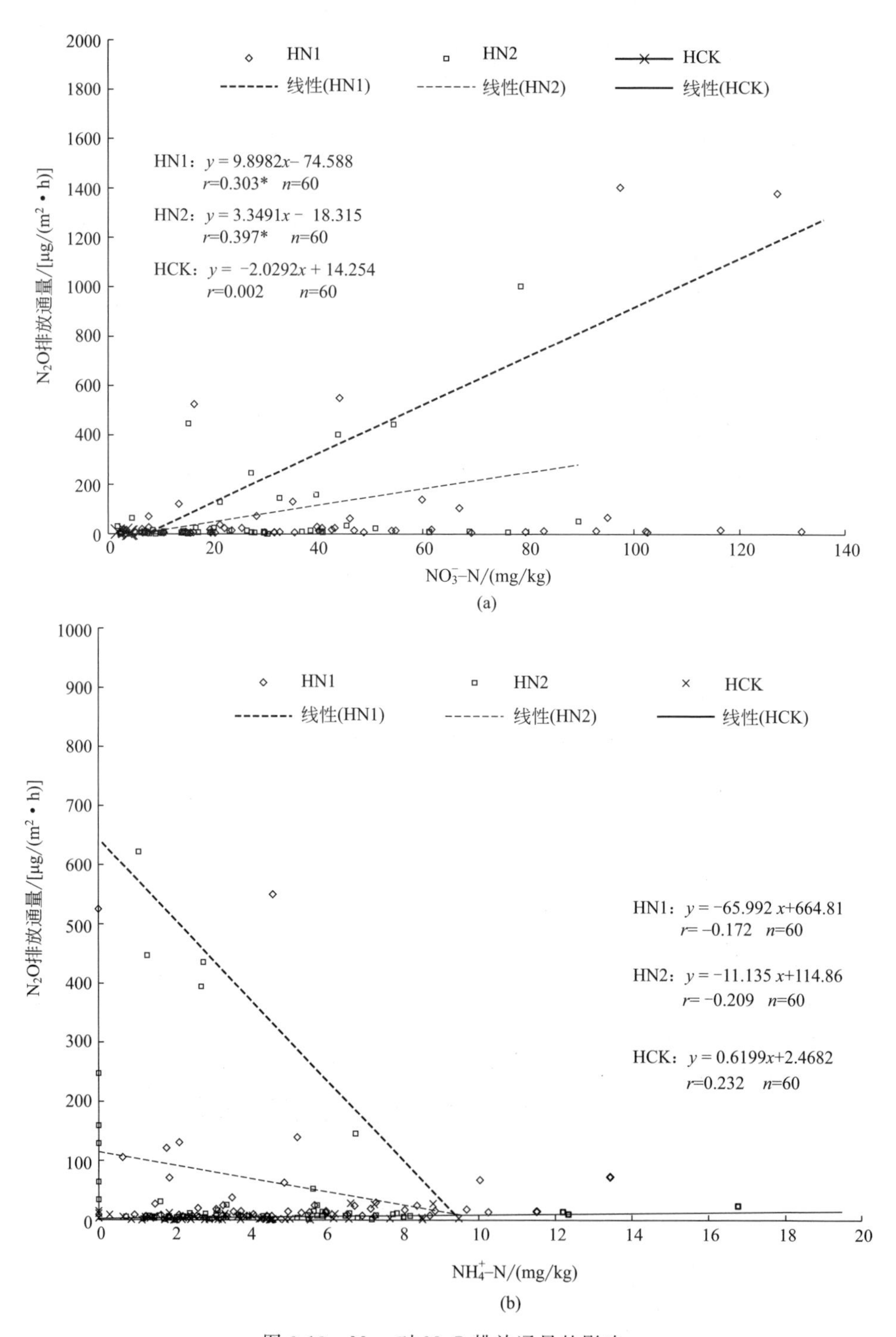

图 3-13 N_{min} 对 N_2O 排放通量的影响

NO_3^--N 和 NH_4^+-N 的浓度影响。为方便分析，本研究选取常规灌溉条件下的3个处理来研究土壤无机氮含量与 N_2O 排放的关系。从图 3-13(a) 中可以看出，整个芹菜季土壤表层（0～5cm）硝态氮的浓度与土壤 N_2O 的排放特征具有比较一致的变化趋势，其中施氮处理的 N_2O 排放通量与土壤硝态氮含量的变化达到显著性相关关系（HN1 处理：$r=0.303^*$，$P=0.019<0.05$，$n=60$；HN2 处理：$r=0.397^*$，$P=0.002<0.05$，$n=60$）；而施氮处理表层（0～5cm）土壤铵态氮含量较低，最大值仅为 16.77mg/kg，与土壤 N_2O 排放通量均没有达到显著相关［图 3-13(b)］。综上所述，土壤硝态氮浓度对土壤 N_2O 排放产生的影响大于铵态氮。

试验中，NO_3^--N 浓度与 N_2O 的排放通量呈现出显著的线性正相关关系，而 NH_4^+-N 浓度与 N_2O 的排放通量却未呈现出显著性相关关系，这可能与本试验中 WFPS 最大值仅为 58.70%，微生物处于好气环境有利于硝化作用进行，N_2O 的产生主要来自硝化作用，土壤的硝化作用较强造成 NH_4^+-N 浓度一直维持在较低的水平有关。减少施氮量，不仅能够从源头上减少土壤中的无机氮含量，减少氮素淋溶损失，还能够起到减少土壤 N_2O 排放的效果。

第三节　菜粮轮作农田温室气体排放规律研究

一、材料与方法

1. 试验地概况

试验点位于山东省济南市章丘区枣园镇庆元村（N36°49′，E117°27′），属暖温带季风区大陆性气候，四季分明，光照充足。年平均气温 12.8℃，年平均降水量 600.8mm，年平均日照时数 2647.6h。试验点地势平坦，土壤为褐土，0～20cm 表土养分含量有机质为 16.7g/kg，硝态氮 1.37mg/kg，总氮 1.07g/kg，pH 值 8.23。种植模式为大葱/小麦轮作，试验用大葱品种是大梧桐，小麦品种是济麦 22。根据当地农民生产习惯进行施肥、灌溉和田间管理，具体为大葱季施有机肥 3t/hm^2，化肥折合纯 N 420kg/hm^2，P_2O_5 180kg/hm^2，K_2O 300kg/hm^2。定植前结合整地施入基肥，包括全部有机肥、10%氮肥、60%磷肥以及 25%钾肥；后期根据作物长势，将剩余的氮磷钾肥分成3份进行追施。小麦季，化肥折合纯N 90kg/hm^2，于来年小麦拔节时随水追施，不施磷钾肥。

2. 样品采集与分析

温室气体日变化监测：根据设施菜地温室气体季节变化研究，采样时间选取基肥后第12天和追肥后第1天，分别为2012年8月28日（基肥）、2012年12月27日（追肥）、2013年3月14日（基肥）和2013年6月14日（追肥），采样当日天气状况晴好。日变化观测从8:00开始，至次日6:00结束，日间8:00～18:00每2h采集1次气样，夜间每3h采集1次气样。

温室气体年排放监测：采样一般在9:00～11:00进行，平常取样为3～7d一次，施肥后连续取样一周，灌溉或降雨后连续取样2d，冬季为两周一次。采样时将采样箱扣在底座凹槽内并加水密封，扣箱后用100mL塑料注射器于0min、8min、16min、24min、32min时抽取箱内气体，并准确记录采样时的具体时间和箱内温度。

每次采集气体的同时，测定0～6cm土层土壤体积含水量（TZS-1）和3cm深度的土壤温度（JM624）。土壤孔隙含水量（WFPS）根据土壤容重和土壤密度（2.65g/cm^3）计算。

气体排放通量采用线性回归法进行计算，见式(3-1)。

3. 数据处理

所得数据使用Microsoft Excel进行处理和作图，采用SAS软件进行数据分析和回归分析。

二、结果与分析

1. 菜粮轮作农田土壤N_2O年排放规律及其影响因素

从图3-14可以看出，冬小麦-大葱轮作农田土壤N_2O排放通量一般在0～50μg N/(m^2·h)，较强N_2O排放主要发生在每次施肥+灌溉、单纯灌溉或强降雨事件之后的一段时间，其峰值持续的时间约占全年的25%，氮排放量却占全年总排放量的60%以上。大葱季，由于施肥、灌溉和降雨频次高，出现了比较密集的N_2O排放高峰，排放通量峰值的大小与施肥量成正比；而小麦

季 N_2O 排放波动较小，N_2O 排放峰值主要出现在秋季播种和春季追肥两个时期，但由于施肥量较少，其排放峰值明显低于大葱季。

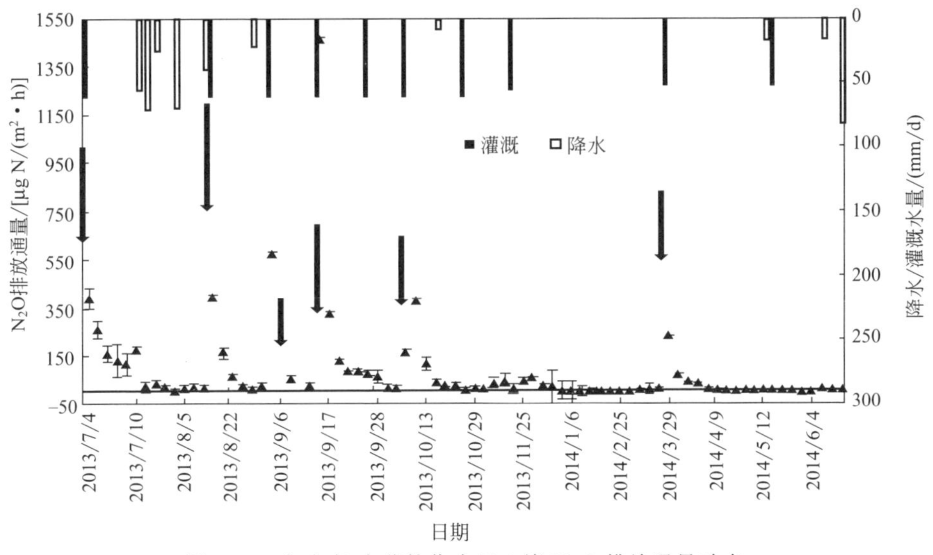

图 3-14　冬小麦-大葱轮作农田土壤 N_2O 排放通量动态

冬小麦-大葱轮作农田土壤 N_2O 排放通量与 3cm 土温和 WFPS 均呈极显著性指数相关（图 3-15），说明冬小麦-大葱轮作生态系统中，温度和水分均是影响土壤 N_2O 排放通量的因素，前者影响略高于后者。

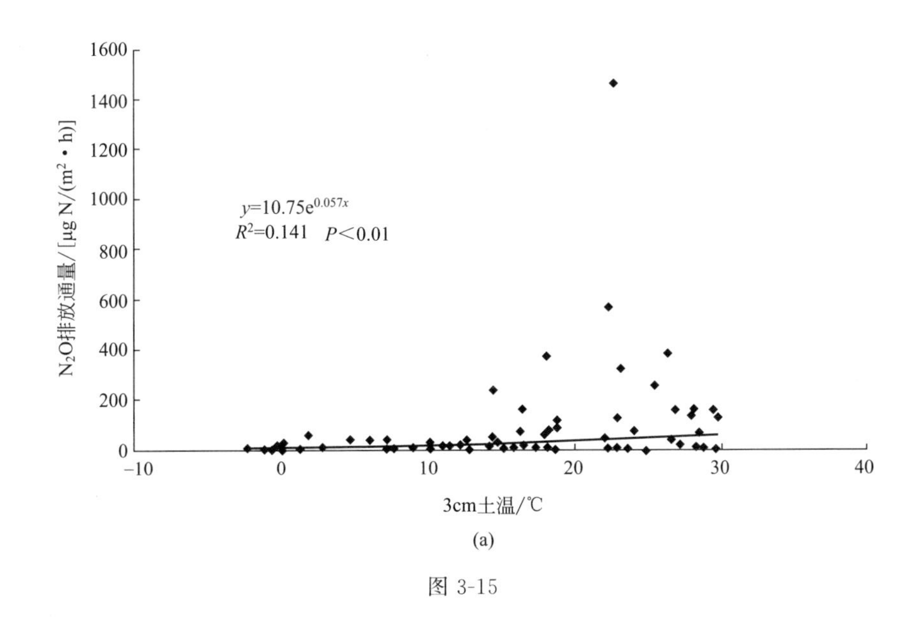

(a)

图 3-15

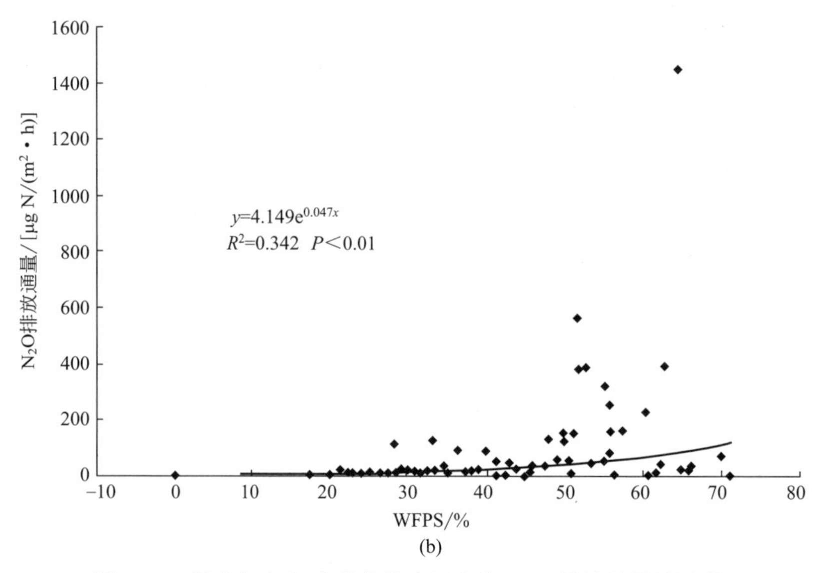

(b)

图 3-15 影响冬小麦-大葱轮作农田土壤 N_2O 排放通量的因素

2. 菜粮轮作农田土壤 CO_2 年排放规律及其影响因素

在冬小麦-大葱轮作系统内，传统施肥处理下，大葱季土壤 CO_2 排放通量表现出明显的季节动态变化（图 3-16），呈先升高后降低，6 月份移栽后，大葱处于缓苗期，生物量基本无变化，CO_2 排放通量随着温度的升高而增加，至 8 月上旬生态系统总呼吸 CO_2 排放通量达最高，约为 120mg C/(m^2 · h)；

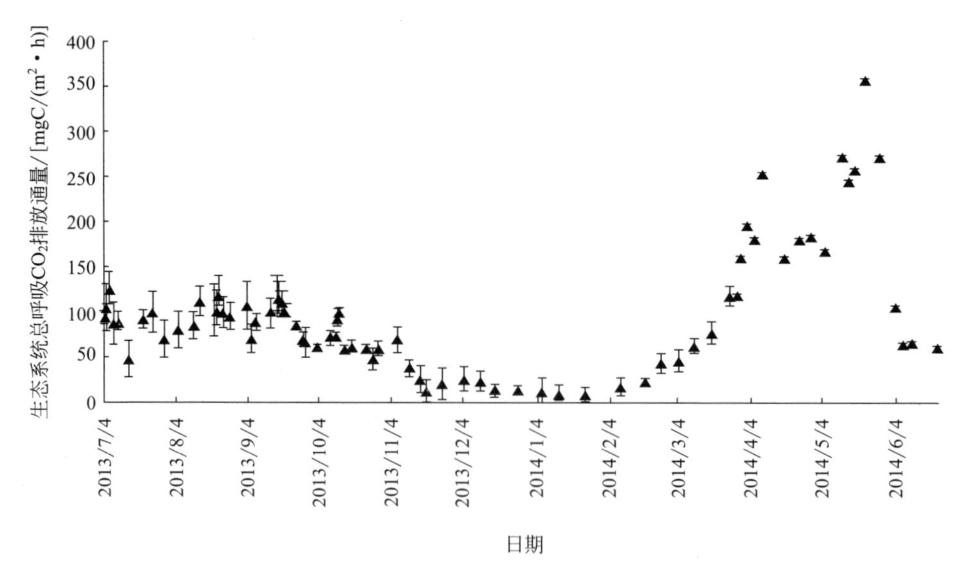

图 3-16 冬小麦-大葱轮作农田土壤 CO_2 通量动态

大葱收获后，CO_2 排放通量降至 26.3mg C/(m^2 · h)。小麦季生态系统总呼吸 CO_2 排放通量变化趋势为 10 月初小麦播种，出苗后小麦生物量很小，生态系统总呼吸 CO_2 排放通量随气温降低呈下降趋势；越冬期间的生态系统总呼吸最弱，仅为 10mg C/(m^2 · h)；3 月初小麦返青，气温回升，植株和根系呼吸强度增大，土壤微生物活性增强，生态系统总呼吸 CO_2 排放通量逐渐升高，至 5 月中下旬达最高，为 253.2mg C/(m^2 · h)；小麦进入成熟期后，植株衰老，叶片干枯，光合和呼吸能力随之减弱，生态系统总呼吸 CO_2 排放通量下降，至小麦收割达最小约 60mg C/(m^2 · h)。

图 3-17 表明，冬小麦-大葱轮作生态系统总呼吸 CO_2 排放通量与 3cm 土温呈极显著性指数相关，与 WFPS 呈极显著性相关，两者可以用一元二次方程来拟合。前者的拟合度高于后者，说明冬小麦-大葱轮作生态系统中，温度是影响生态系统总呼吸 CO_2 排放通量的主要影响因素。

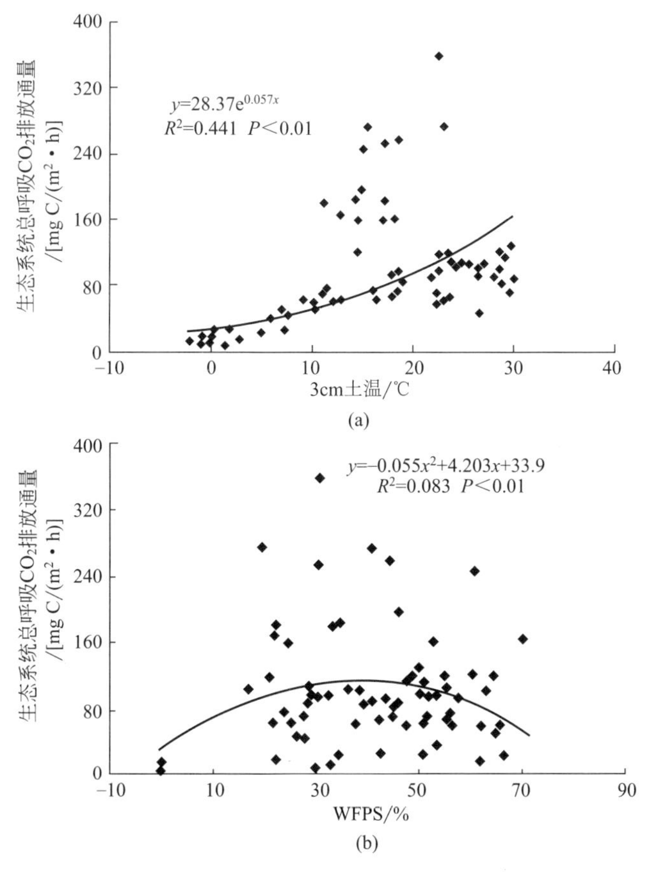

图 3-17 影响冬小麦-大葱轮作农田土壤 CO_2 排放通量的因素

3. 菜粮轮作农田土壤 CH_4 年排放规律及其影响因素

从图 3-18 可以看出，冬小麦-大葱轮作农田有时表现为向大气净排放 CH_4，约占观测数据的 4.2%，总体上仍表现为大气 CH_4 的汇。两季小麦 CH_4 的平均排放通量为 $-8.14\mu g\ C/(m^2 \cdot h)$，略低于三季大葱 $-6.42\mu g\ C/(m^2 \cdot h)$。

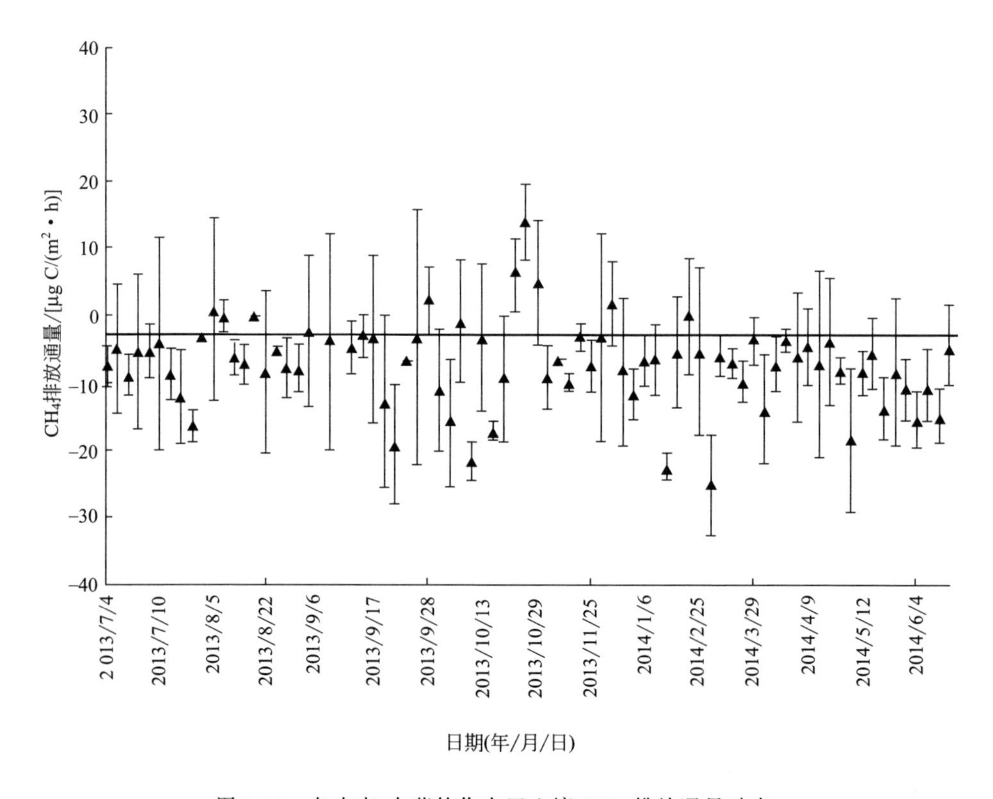

图 3-18　冬小麦-大葱轮作农田土壤 CH_4 排放通量动态

相关分析表明，冬小麦-大葱轮作系统土壤 CH_4 排放通量与 3cm 土温没有显著相关性（图 3-19），而 WFPS 与 CH_4 排放通量之间可以用线性方程拟合，呈显著性相关，说明土壤水分是影响冬小麦-大葱轮作农田土壤氧化吸收 CH_4 的主要因素。本试验条件下 WFPS 在 60%～70%时土壤 CH_4 排放通量最高。

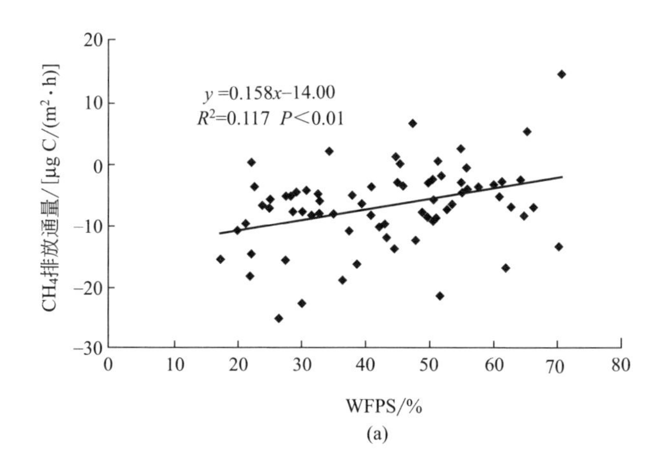

(a)

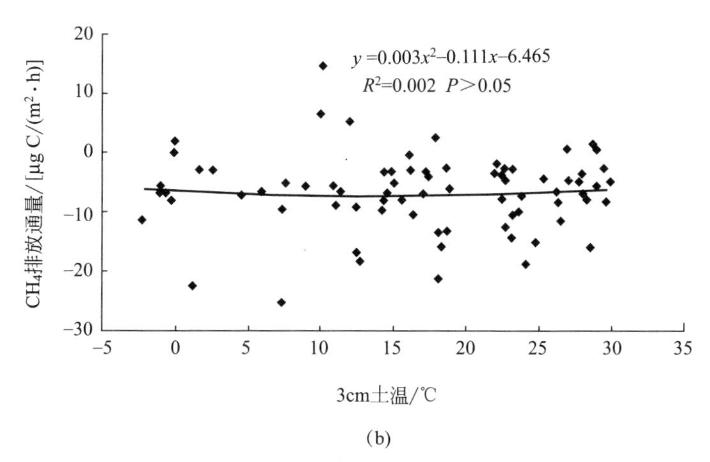

(b)

图 3-19　影响冬小麦-大葱轮作农田土壤 CH_4 排放通量的因素

第四节　小麦玉米轮作农田温室气体排放规律研究

一、材料与方法

1. 试验地概况

小麦季试验在泰安市泰山区邱家店镇综合试验农场进行，试验点地势平坦，处于暖温带半湿润大陆性季风气候区，多年平均气温 13.2℃，多年平均降水量 803.7mm，年平均日照时数 2655h，无霜期 187d。该地区农田常年实行冬小麦-夏玉米轮作。土壤为棕壤，质地为轻壤土，0～20cm 表土养分含量有机质为 14.0g/kg，速效磷 22.8mg/kg，速效钾 78.0mg/kg，硝态氮 19.4mg/kg，铵态氮 3.3mg/kg，pH 值 7.8。

根据当地农民生产习惯进行施肥、灌溉和田间管理，前茬玉米收获后清茬，试验用小麦品种是济麦 22，将 1/2 氮肥与全部磷钾肥掺混后撒施旋耕，1/2 氮肥在小麦返青-拔节期撒施，氮肥为尿素，N、P_2O_5、K_2O 施用量分别为 210kg/hm^2、105kg/hm^2 和 75kg/hm^2。

玉米季试验在济南市章丘区枣园镇庆元村进行，试验点地势平坦，处于暖温带半湿润大陆性季风气候区，多年平均气温 12.8℃，多年平均降水量 600.8mm，年平均日照时数 2647.6h，无霜期 192d。试验期内，平均气温 25.8℃，平均地温 25.5℃，降水 18 次，降水总量 419.9mm。土壤为褐土，质地为轻壤土，0～20cm 表土养分含量有机质为 16.5g/kg，速效磷 7.9mg/kg，速效钾 116.0mg/kg，硝态氮 1.4mg/kg，铵态氮 2.4mg/kg，pH 值 8.2。

根据当地农民生产习惯进行施肥、灌溉和田间管理，前茬作物为冬小麦，收获后秸秆全还田，玉米品种为先玉 335，出苗后，全部磷钾肥和 40%氮肥在苗一侧条施，60%氮肥在大喇叭口-抽雄期撒施，氮肥为尿素，磷肥为重过磷酸钙，钾肥为氯化钾，N、P_2O_5、K_2O 施用量分别为 240kg/hm^2、90kg/hm^2 和 120kg/hm^2。

2. 样品采集与分析

温室气体年排放监测：采样一般在 9:00～11:00 进行，平常取样为 3～7d 一次，施肥后连续取样一周，灌溉或降雨后连续取样 2d，冬季为两周一次。采样时将采样箱扣在底座凹槽内并加水密封，扣箱后用 100mL 塑料注射器于 0min、8min、16min、24min、32min 时抽取箱内气体，并准确记录采样时的具体时间和箱内温度。

每次采集气体的同时，测定 0～6cm 土层土壤体积含水量（TZS-1）和 3cm 深度的土壤温度（JM624）。土壤孔隙含水量（WFPS）根据土壤容重和土壤密度（2.65g/cm^3）计算。

气体排放通量采用线性回归法进行计算，见式(3-1)。

3. 数据处理

所得数据使用Microsoft Excel进行处理和作图，采用SAS软件进行数据分析和回归分析。

二、结果与分析

1. 粮田土壤 N_2O 年排放规律

小麦生长季内有明显的 N_2O 排放，排放通量在 3.0～372.8μg N/(m^2 · h)［图 3-20(a)］。只在秋季基肥和春季追肥两个时期出现较强的 N_2O 排放，其他时间 N_2O 排放波动较小，一般在 10μg N/(m^2 · h) 左右。施肥为土壤微生物提供充足的底物，促进硝化和反硝化过程中 N_2O 的生成与排放；而灌溉则为反硝化微生物营造了厌氧环境，提高了反硝化过程中 N_2O 的生成与排放。秋季基肥的 N_2O 排放峰值最高，平均高达 372.8μg N/(m^2 · h)，持续时间为 2 周；而春季追肥后的 N_2O 排放峰值较低，平均为 51.2μg N/(m^2 · h)，持续时间约为 1 周。这主要与秋季基肥施入时，一方面进行了土壤翻耕，土壤透气性增加，促进 N_2O 排放；另一方面，播种后 2 周内，小麦主要靠籽粒营养供应，对氮的吸收利用较低，导致前期氮的大量损失，引起 N_2O 排放峰值较高。统计表明，两次排放峰值持续的时间约占整季的 8.6%，但氮排放量却占总排放量的 40%以上，说明施肥和灌溉是影响 N_2O 排放的重要因素。

玉米生长季内也观测到了明显的 N_2O 排放［图 3-20(b)］，在大多观测时间中 N_2O 排放通量较小，且波动不大，一般低于 50μg N/(m^2 · h)；施肥并灌溉后，会观测到“脉冲式”的 N_2O 排放，峰值持续时间一般为 3～5d；此外，苗肥施用后第 8 天的一次强降水，也观测到了较强的 N_2O 排放，其排放通量为 116.9μg N/(m^2 · h)，持续时间仅 1d。整个生长季观测到两次 N_2O 排放峰，第一次发生在苗肥后，N_2O 排放峰值均为 403.7μg N/(m^2 · h)；第二次发生在追肥后，引起的 N_2O 排放峰值高达 825.4μg N/(m^2 · h)。

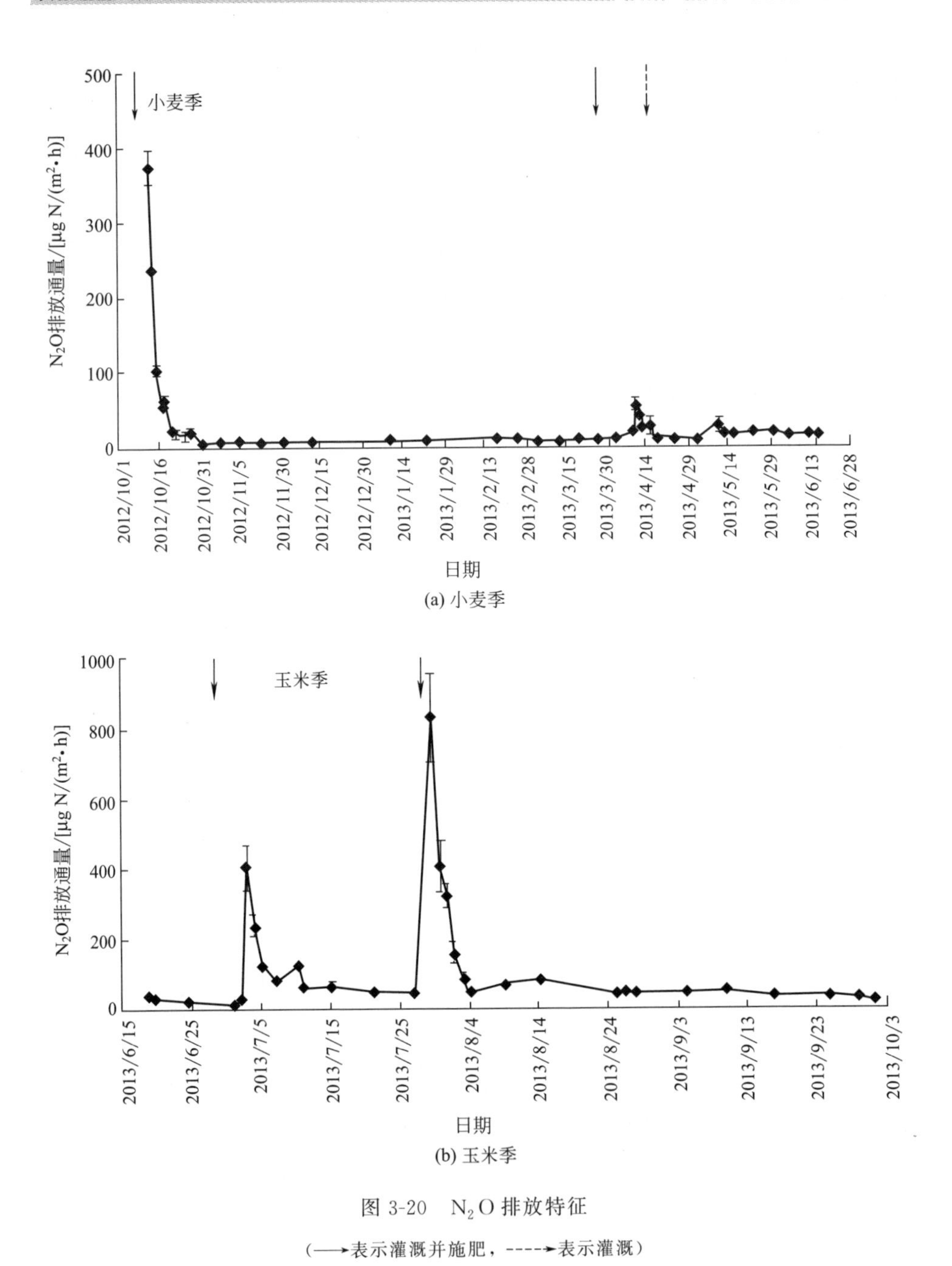

(a) 小麦季

(b) 玉米季

图 3-20 N_2O 排放特征

(——→表示灌溉并施肥，----→表示灌溉)

2. 粮田生态系统总呼吸 CO_2 年排放规律

小麦季和玉米季的生态系统总呼吸 CO_2 排放通量均表现出明显的季节动

态变化，小麦季变化范围在9.6～416.4mg C/(m^2·h)，整个生长季CO_2的平均排放通量为125.4mg C/(m^2·h)；玉米季变化范围在42.9～580.0mg C/(m^2·h)，整个生长季CO_2的平均排放通量为308.2mg C/(m^2·h)（图3-21）。10月中旬小麦播种，由于施肥、灌溉、翻耕等的影响，CO_2排放量较高，在33.5～65.1mg C/(m^2·h)。小麦出苗后生物量很小，CO_2排放通量随温度的降低呈下降趋势，越冬期间的CO_2排放通量一直维持在最

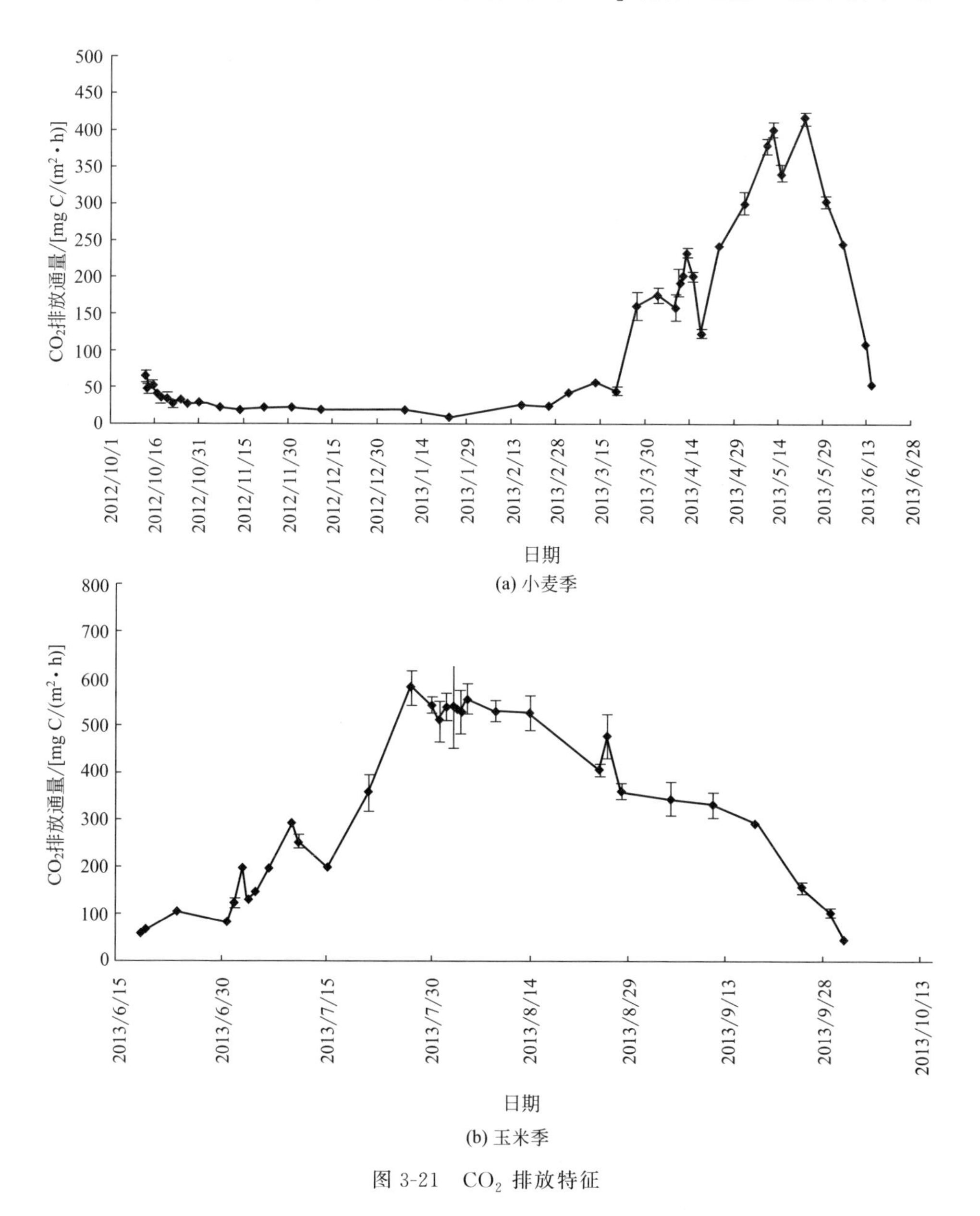

图3-21 CO_2排放特征

低水平，介于 9.6～28.1mg C/(m^2·h)。3 月初小麦返青，气温回升，植株和根系呼吸强度增大，土壤微生物活性增强，CO_2 排放通量逐渐升高，至 5 月中旬达最高值。小麦进入成熟期后，植株衰老，叶片干枯，光合作用和呼吸能力随之减弱，CO_2 排放通量下降，至小麦收割达最小，为 54.8mg C/(m^2·h)。

玉米播种后一周内，处于出苗阶段，基本为裸地监测，土壤 CO_2 排放处于较低水平，CO_2 排放通量变化范围在 51.0～102.1mg C/(m^2·h)；随着植株生物量和地温的增加，农田生态系统的 CO_2 排放通量逐渐升高，8 月中上旬达最高，介于 526.9～557.2mg C/(m^2·h)；随后农田生态系统的 CO_2 排放呈下降趋势，收获后降为 42.9mg C/(m^2·h)。

3. 粮田 CH_4 年排放规律

从图 3-22 可以看出，粮田有时表现为向大气净排放 CH_4，仅占观测数据的 2%左右；总体上 CH_4 的排放通量为负值，小麦季和玉米季 CH_4 平均交换通量分别为−7.3μg C/(m^2·h) 和−11.7μg C/(m^2·h)，表明所研究的小麦田和玉米田均是大气中 CH_4 的弱吸收汇，与前人的研究结果相似。小麦在播种-返青前（10 月～次年 2 月份）这段时间，CH_4 排放通量逐渐减少，在整个生育期最低，平均为 5.9μg C/(m^2·h)。进入返青期（3 月份），CH_4 的吸收通量逐渐增加，在拔节期达到年后的第一个高峰，为 11.3μg C/(m^2·h)；灌

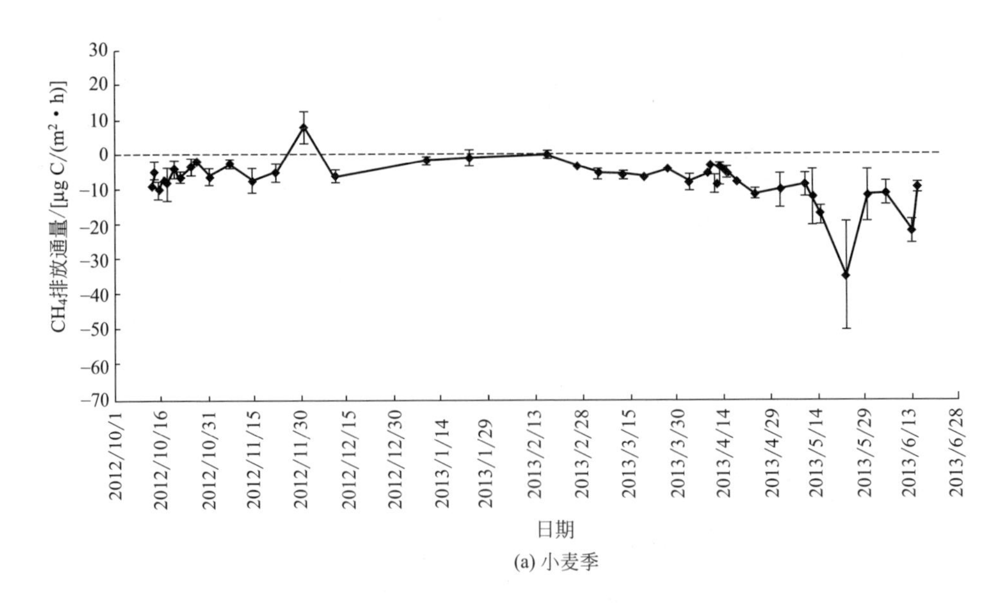

(a) 小麦季

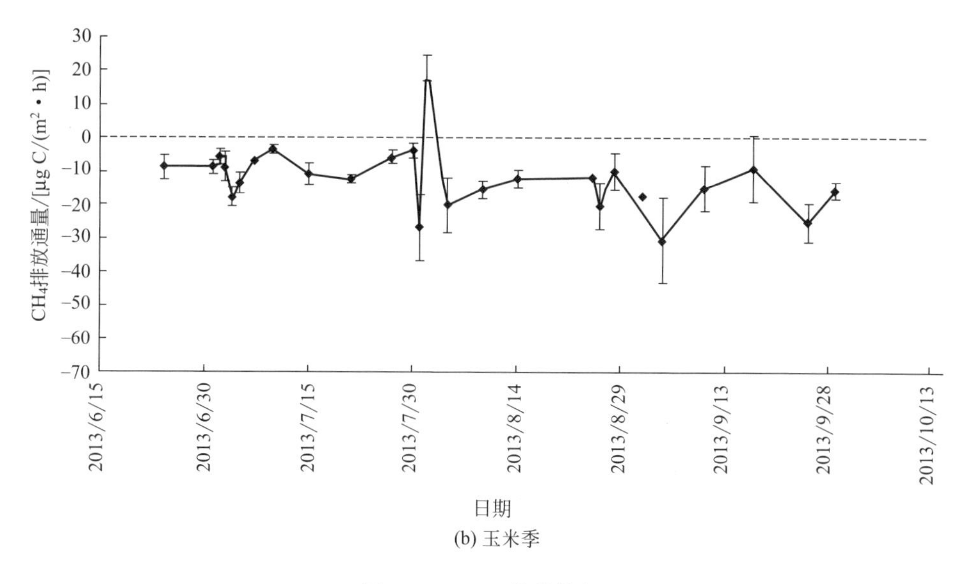

(b) 玉米季

图 3-22 CH_4 排放特征

浆中期（5 月中旬）各处理的 CH_4 排放通量达到整个生育期的最大值，为 34.9μg C/(m^2 • h)。玉米季 6～7 月份的排放通量较小，仅在施肥后表现出明显的 CH_4 吸收，最高排放通量达－17.4μg C/(m^2 • h)。进入 8 月份，CH_4 排放通量略有增加，玉米灌浆期出现明显的 CH_4 吸收峰，最高排放通量达－30.4μg C/(m^2 • h)。

4. 粮田温室气体排放的影响因素

将 3 种温室气体与环境因子进行相关性分析，结果表明，小麦季 N_2O 排放通量只与 WFPS 呈极显著性正相关，CO_2 排放通量与气温和土壤温度呈极显著性正相关，与 WFPS 的相关性不大（表 3-4）。而 CH_4 排放通量与气温、土壤温度和 WFPS 呈负相关，并与前两者达到 0.01 水平显著性。玉米季 CO_2 排放通量和 CH_4 排放通量分别与气温和土壤温度呈显著性正相关。可以看出，小麦生态系统中，温度是影响 CO_2 和 CH_4 排放的主要环境因子，尤其是前者；而 WFPS 则是影响 N_2O 排放的主要环境因子。玉米生态系统中，温度是影响 CO_2 和 CH_4 排放的主要环境因子，N_2O 的排放与 3 个环境因子均无相关性。

表 3-4　不同农业管理措施下 CO_2、CH_4、N_2O 排放通量与环境因子相关性分析

环境因子	小麦季			玉米季		
	N_2O	CO_2	CH_4	N_2O	CO_2	CH_4
气温	0.114	0.703 **	−0.667 **	0.350	0.423 *	0.342
土壤温度	0.203	0.569 **	−0.630 **	0.282	0.366	0.541 **
WFPS	0.404 **	0.061	−0.139	0.234	−0.377	0.191

注：** 表示 0.01 水平上显著相关，* 表示 0.05 水平上显著相关，$n=41$。

第四章 典型农田温室气体监测技术规程

人类活动向大气中排放的二氧化碳（CO_2）、甲烷（CH_4）和氧化亚氮（N_2O）等温室气体浓度的增加是导致气候变化的重要原因之一。农田土壤是这3种温室气体的重要来源。美国的研究认为农业在温室气体排放中的贡献在本国大致占7%～10%，加拿大和英国的研究资料均表明农业在其温室气体排放源中的比例大致为8%，尽管德国的工业高度发达，农业仍是N_2O和CH_4的重要排放源，因农业活动引起的N_2O排放占全部排放量的39%～52%。因此，为缓解温室气体排放所造成的全球变暖，人们有必要采取各种切实可行的措施来减少农业源温室气体排放。

中国是人口众多的农业大国，拥有1.21亿公顷的耕地。这些农田的耕作、不同作物的种植以及氮肥的施用不仅长期改变着农田生态系统中的碳氮循环，而且给全球气候变化带来影响，已受到国际社会各界的广泛关注。因此，针对山东省典型种植模式，建立一套具有广泛推广性、符合数据高精度要求的农田温室气体监测技术规程，为山东省农业源温室气体排放监测与评估提供技术支持。

第一节 设施蔬菜农田温室气体排放监测技术规程

一、监测前准备工作

1. 采样点选择

选择监测田块一定要有代表性，要根据土壤性状和植株生长的情况，选择田块能够代表当地的种植模式、田间水肥等管理措施和植株长势。

2. 采样箱

本规范推荐的为手动静态箱，主要由顶箱、延长箱和底座 3 部分组成，通常采用方形结构（图 4-1）。

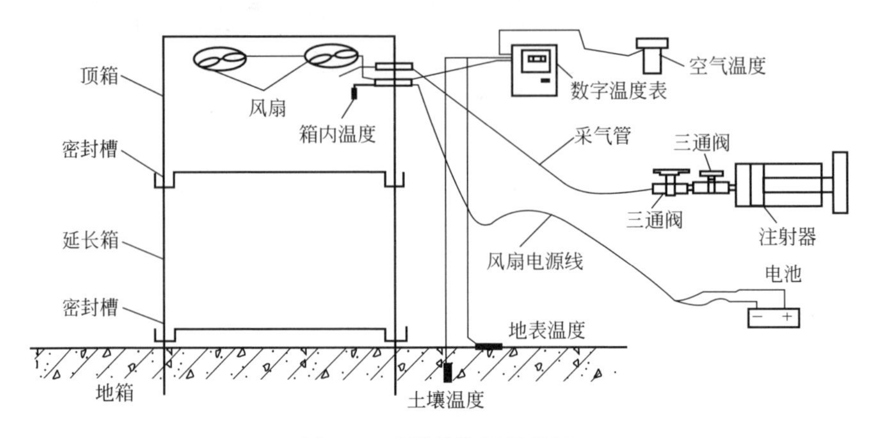

图 4-1 采样箱装置示意图

（1）顶箱

采用水槽密封方式与底座或延长箱密封。材料推荐使用 304K 不锈钢板框架，外覆盖一层 1cm 厚度的发泡隔热材料，或贴有反光锡箔材料。顶部装有混气风扇（直径 15cm 左右、用 12V DC 或 24V DC 驱动的风扇），用于在箱高超过 1m 且箱内植物茂密情况下采样时使用。箱侧面安装有风扇电源插头、取气体样品接口和测量温度接口，并配有外径 3mm、内径 1.5mm、长 0.1～1m 的 F46（聚四氟乙烯）采气管线（选材和设计均符合气相色谱分析要求），采气管线一端通过箱侧取气探头深入箱内 10cm 左右，另一端用三通阀密封，采样时与采样注射器相连（为避免阀里进尘土、小虫等，不采样时用阀帽将出口堵上）。顶箱内装有测温探头 3 个，其中一个探头悬挂在箱内，用于测定箱内气温，其探头通过壁接口与 1m 长导线连接，导线的另一端可接插到一只便携式数字温度计上，用于测量时读取温度数值。另外两个探头挂在箱外，用于与气体采样同步地测定箱外两个深度（5cm、10cm）土壤的温度。顶箱两侧各安装一个把手方便搬运。箱体上侧壁或顶壁上还需开一个小孔，安装气压平衡管，气压平衡管可采用软硅胶管，既能弯折也可密封。

（2）延长箱

对于高于顶箱高度的植株，需要在底座和顶箱之间放置延长箱。材料推荐使用304K不锈钢板框架，外覆盖一层1cm厚度的发泡隔热材料，或贴有反光锡箔材料。上端四周为密封水槽，方便与顶箱密封连接。箱体两侧各安装一个铁环方便搬运。

（3）底座

永久性底座应该在第一次采样前至少24h安装。不锈钢板厚3.0mm，下端为刃口，插入土壤中保持密封性。底座侧板下半部（10cm以下）开有两排直径为20mm的圆孔，其目的是尽可能保持植物根系生长空间不受限制，能和底座下土壤水分和营养物质交换。针对不同土壤和植被状况，底座深度各有不同，5～30cm不等。

（4）采样箱规格

采样箱规格根据监测作物耕种方式制订，基本要求是采样箱要能够罩住作物及其周边的施肥区域，保证采样箱覆盖面积能够代表观测地块的实际情况。箱体通常盖地面积大于0.25m^2，且要确保观测时箱内气室体积与箱底面积之比大于10（采用这样比值的采样箱设计是为了使得采样操作导致的气体稀释效应对观测通量值造成的误差可以忽略不计）。设施蔬菜一般为垄作种植，根据本项目实际试验，采样箱需要根据作物的行距和株距来设计箱体的长和宽，原则上一定要覆盖作物及其垄沟，本类采样箱尺寸较大，一般顶箱和延长箱长×宽×高为70cm×70cm×50cm，底座长×宽×高为70cm×70cm×25cm，延长箱在作物高于50cm的时候使用。

3. 样品收集容器

选择化学性质稳定、无渗透、操作简单和轻便易携带的容器，一般为气袋或真空瓶。气袋（500mL）多为多层高分子聚合物与铝箔复合膜材料，配以方便气体采样及分析的气体进出口阀及硅胶针头取样垫。真空瓶（12～20mL），材质多为玻璃，瓶帽为塑料，瓶口放置可重复利用高弹性硅胶垫，以便于多次使用和方便更换，建议每使用20次更换一次新的胶垫。根据气相色谱仪对进样量要求选择气体收集容器。

4. 其他配套装备

配套设备有真空泵、注射器（带针头）、三通阀、计时表等。真空泵用于将采气容器抽成真空状态。注射器为60～100mL的医用注射器，用于转移从采样箱内采集的温室气体样品。一般采气袋通过三通阀与不佩带针头的注射器配套使用，而玻璃瓶与佩带针头的注射器配套使用。计时表用于准确掌握采样时间。

二、样品采集步骤

1. 采样前准备工作

应首先检查采样管、风扇电源、温度测量接头是否有效连接，确定仅用单个顶箱还是需要增加延长箱，每次取气操作前应在底座里加适量水以便于密封系统。

2. 罩箱

从采样箱存储位置取出主箱体，大幅摇晃箱体，使箱体内积聚的余气尽量扩散。罩箱前将底座加水，罩箱动作要轻缓，尽量少扰动周围的作物，也要避免引起底座周围土壤的扰动。罩箱后要仔细检查主箱体与底座的结合部位，以确保取样箱系统的密闭性。

3. 采气

(1) 采气时间

采气一般在 80:00～12:00 进行，10:00 左右为宜。

(2) 采气过程

在每个采样箱罩上后，当即取样一次，操作者应该站立在采样箱取气口的下风向，以避免因呼吸引起的观测误差。一般情况下间隔 8min 用 100mL 或 60mL 带有三通阀的聚丙烯医用注射器抽取箱内气体。考虑到密闭箱内温室气体浓度随时间的变化，建议在每次罩箱后的 30min～1h 内，等间隔取样 5～6 次，通过这几次数据的斜率（线性或非线性拟合）计算气样的通量。采样前应该使注射器反复充气、放气数遍，以排空其中的余气，然后通过三通阀将注射器和采样箱取气口连接，取出气后立即将气样转移至采气袋或取气瓶待分析。注意使用注射器抽取样品时不能用力过猛，尽量平缓地抽出箱内气体以免造成箱内气压波动。初始时刻和最后一次样品抽取完毕后，读取地下 5cm、地表、箱内、箱外气温数值并做记录。此外，还应同步测定土壤含水量，为不破坏观测点的土壤环境，应选择在采样点附近与箱内环境相同的土壤中测定。

（3）采样频率

一般情况下每周采样 1～2 次。在每次施肥或灌溉后每天一次，连续取样 3～7d，直到排放峰消失；遇到强降雨后每天 1 次，连续取样 3d。冬季气温较低可以 10～15d 采样 1 次。

4. 移走箱体

当天最后一次取样结束后，取走顶箱和延长箱，避免对作物的长时间干扰。

三、静态箱法人工观测中的 N_2O 测定方法

本规程推荐的气体样品分析仪器为气相色谱仪。以安捷伦 7890A 系列气相色谱为例，装置电子捕获检测器（ECD）测定 N_2O，其中 ECD 对电负性化合物非常灵敏，其检测限 0.4×10^{-12}g/s（六氯化苯），在标准验收条件下，检测器温度为 300℃，流经检测器的气体（尾吹气和通过色谱柱的气体）流速为 30mL/min 时，最低检测限相当于 6×10^{-15}g/s。分析柱采用 Porapak Q 填充柱或毛细柱，载气使用高纯氮气（＞99.999％）或高纯氩-甲烷混合气（＞99.999％），标准气体使用国家标准物质研究中心的产品，FID 助燃气氢气要求浓度＞99.999％，空气采用钢瓶或空气发生器供气。

在气相色谱分析中，一般采用注射器进样。以安捷伦 7890A 为例，一般一次进样量在 12～30mL 即可。进样时，要缓缓推进注射器，均匀用力，而且做到同一批样品采用一致的进样时间。样品测定过程中利用高精度标准气体，应每隔 8～10 个样品即对仪器进行一次标定，以避免因仪器基线漂移引起的分析误差。

一周测定样品 4d 以上（包括 4d），应一直保持气相色谱仪开机状态，否则应在每次测定的前一天将仪器开启，以保证仪器有充分的活化和稳定时间。如果仪器稳定时间不够，则会出现基线漂移造成色谱峰积分不准，从而引起分析结果误差。如果遇到事故断电，应待电力恢复后立即启动仪器，一般需要稳定 4h 以上才可以进行样品分析。

四、静态箱法人工观测中的气体通量计算方法

1. 日通量计算方法

基于每日单次或多日一次的小时通量人工观测值估计日排放通量，每次观测通常在被认为能比较好地代表日平均值排放状况的时间实施，因而可直接将小时通量［通常采用的单位是 mg C/(m^2 • h) 或 μg N/(m^2 • h)］乘以 24h 而转换成日通量［通常采用的单位是 g C/(m^2 • d) 或 mg N/(m^2 • d)］。

公式(4-1) 为利用气相色谱所测温室气体浓度计算其排放通量的公式。

$$F=\rho H\times\frac{dC}{dt}\times\frac{273}{273+T} \tag{4-1}$$

式中 F——温室气体排放通量，mg/(m^2 • h)；

ρ——被测气体标准状况下的密度，kg/m^3；

T——采样过程中密闭箱内的平均温度，℃；

H——采样箱的高度，m；

C——温室气体的体积混合比；

$\frac{dC}{dt}$——采样过程中密闭箱内温室气体的浓度变化率。

2. 季节或年通量估计方法

首先，对于实施了观测但测定值因不符合数据质量要求而被拒绝的情形，需要进行缺测值填补。被拒数据的填补有 3 种方法：

一是用 0～$|E_{limit}|$之间的随机数进行填补，其中 E_{limit} 是所采用的观测方法对日通量检测下限，它主要取决于气相色谱法分析气体样品浓度的精度，计算每个小时通量值所需的 5 次密闭箱内气体浓度观测的采样时间长短，以及采样箱尺寸（对于规则尺寸的采样箱，即为箱内气室高度）。

二是用同一空间重复被拒值之前一次和之后一次有效观测结果的平均值进行填补。

三是用其他空间重复的同步有效观测结果的平均值进行填补。

实际操作中究竟用哪种填补方法，需根据当时的具体情况进行谨慎判断。紧接着，采用平均值内插法，用相近两天通量的平均值填补为实施观测日期的通量。最后，采用逐日累加法估计季节或年度通量，计算方法如下：

$$E\mid_{x_{n+1}=0}=k\sum_{i=2}^{n+1}[X_{i-1}+(t_i-t_{i-1}-1)(X_{i-1}+X_i)/2] \tag{4-2}$$

式中　k——排放通量与日通量的换算系数；

t——观测日期；

i——观测次数；

X——观测日通量。

3. 通量计算结果的质量控制

只有当样品浓度随采样时间而变化的回归方程的复相关系数（R）达到统计显著时（$P<0.05$）计算才可以被接受。考虑到田间试验地影响因素多，同时盖箱期间的观测次数又较少，所以对于 $0.05<P<0.20$ 的观测通量值（即其有 80%的可靠性），也勉强予以接受。凡 $P\geqslant 0.20$ 的观测通量值，应将其自动删除。

第二节　设施叶菜类农田温室气体排放监测技术规程

一、监测前准备工作

1. 采样点选择

要根据土壤性状和植株生长情况，选择能够代表当地的种植模式、田间水肥等管理措施和植株长势的田块进行监测。

2. 采样箱

本规范推荐的为手动静态箱，主要由顶箱和底座两部分组成（图 4-2）。

（1）顶箱

采用水槽密封方式与底座密封。材料推荐使用 PVC 管（直径 16cm，高 5cm），顶端粘有透明有机玻璃，玻璃中心打孔塞入橡胶塞和三通阀，并用强力胶固定密封。底部开口可以罩在底座上，且开口处内径略有增加，并涂抹凡士林以增加密封效果。

（2）底座

永久性底座一般定植后即安装完毕，但应该在第一次采样前至少24h安装。底座为外围有水槽的PVC管（高19.5cm），下端为刃口，插入土壤中保持密封性。

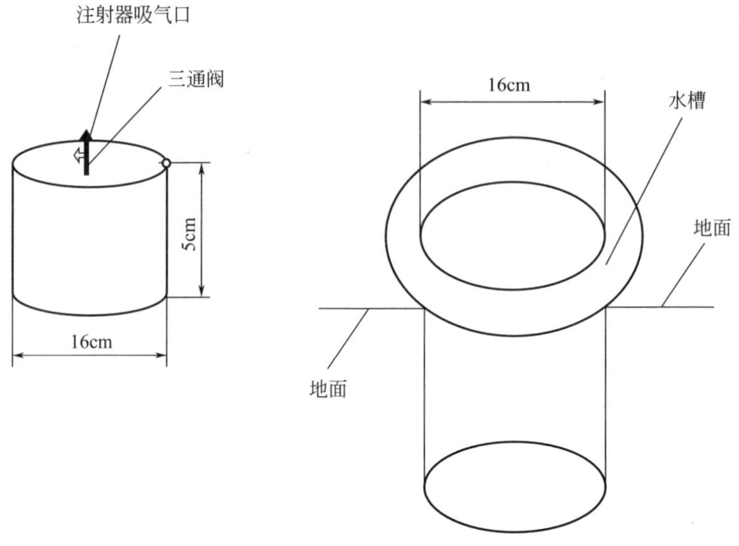

图4-2　采样箱装置示意图

3. 样品收集容器

选择化学性质稳定、无渗透、操作简单和轻便易携带的容器，一般为气袋或真空瓶。气袋（500mL）多为多层高分子聚合物与铝箔复合膜材料，配以方便气体采样及分析的气体进出口阀及硅胶针头取样垫。真空瓶（12～20mL），材质多为玻璃，瓶帽为塑料，瓶口放置可重复利用的高弹性硅胶垫，以便于多次使用和方便更换，建议每使用20次更换一次新的胶垫。根据气相色谱仪对进样量的要求选择气体收集容器。

4. 其他配套装备

配套设备有真空泵、注射器（带针头）、三通阀、计时表等。真空泵用于将采气容器抽成真空状态。注射器为60～100mL医用注射器，用于转移从采样箱内采集的温室气体样品。一般采气袋通过三通阀与不佩带针头的注射器配套使用，而玻璃瓶与佩带针头的注射器配套使用。计时表用于准确掌握采样时间。

二、样品采集步骤

1. 采样前准备工作

应首先检查顶箱橡胶塞及下缘开口处凡士林的涂抹是否均匀，每次取气操作前应在底座里加适量水以便于密封系统。

2. 罩箱

从采样箱存储位置取出顶箱，罩箱前将底座加水，罩箱动作要轻缓，尽量少扰动周围的作物，也要避免引起底座周围土壤的扰动。罩箱后要仔细检查主箱体与底座的结合部位，以确保取样箱系统的密闭性。

3. 采气

（1）采气时间

采样一般在9:30～10:30进行，10:00左右为宜。

（2）采气过程

在每个采样箱罩上后，当即取样1次，操作者应该站立在采样箱取气口的下风向，以避免因呼吸引起的观测误差。一般情况下间隔20min用100mL或60mL带有三通阀的聚丙烯医用注射器抽取箱内气体。考虑到密闭箱内温室气体浓度随时间的变化，建议在罩箱后的1h内，等间隔取样3次，通过这几次数据的斜率（线性或非线性拟合）计算气样的通量。采样前应该使注射器反复充气、放气数遍，以排空其中的余气，然后通过三通阀将注射器和采样箱取气口连接，取出气后立即将气样转移至采气袋或取气瓶待分析。注意使用注射器抽取样品时不能用力过猛，尽量平缓地抽出箱内气体以免造成箱内气压波动。初始时刻和最后一次样品抽取完毕后，读取地下5cm、地表、箱内、箱外气温数值并做记录。此外，还应同步测定土壤含水量，为不破坏观测点的土壤环境，应选择在采样点附近与箱内环境相同的土壤中测定。

（3）采样频率

施肥后即开始连续采样7d，其后每3d采样1次，收集2次后每周采样1次；每次灌溉后第2d开始连续采样4d，其后每3d采样1次，收集2次后每周采样1次。

4. 移走箱体

当天最后一次取样结束后，取走顶箱和延长箱，避免对作物的长时间干扰。

三、静态箱法人工观测中的 N_2O 测定方法

本规程推荐的气体样品分析仪器为气相色谱仪。以 Agilent 7890A 系列气相色谱为例，装置电子捕获检测器（ECD）测定 N_2O，其中 ECD 对电负性化合物非常灵敏，在标准验收条件下，检测器温度为 330℃，流经检测器的气体（尾吹气和通过色谱柱的气体）流速为 25mL/min。分析柱采用 Porapak Q 填充柱，载气使用高纯氮气（>99.999%）或高纯氩甲烷混合气（>99.999%），标准气体使用国家标准物质研究中心的产品，FID 助燃气氢气要求浓度>99.999%，空气采用钢瓶或空气发生器供气。

在气相色谱分析中，一般采用自动进样器进样。样品测定过程中利用高精度标准气体，应每隔 8～10 个样品即对仪器进行一次标定，以避免因仪器基线漂移引起的分析误差。

一周测定样品 4d 以上（包括 4d），应一直保持气相色谱仪开机状态。否则应在每次测定的前一天将仪器开启，以保证仪器有充分的活化和稳定时间。如果仪器稳定时间不够，则会出现基线漂移造成色谱峰积分不准，从而引起分析结果误差。如果遇到事故断电，应待电力恢复后立即启动仪器，一般需要稳定 4h 以上才可进行样品分析。

四、静态箱法人工观测中的气体通量计算方法

1. 日通量计算方法

基于每日单次或多日一次的小时通量人工观测值估计日排放通量，每次观测通常在被认为能比较好地代表日平均值排放状况的时间实施，因而可直接将小时通量［通常采用的单位是 mg C/(m^2·h）或 μg N/(m^2·h）］乘以 24h 而转换成日通量［通常采用的单位是 g C/(m^2·d）或 mg N/(m^2·d）］。公式(4-1）为利用气相色谱所测温室气体浓度计算其排放通量的公式。

$$F=\rho H\times\frac{\mathrm{d}C}{\mathrm{d}t}\times\frac{273}{273+T} \tag{4-1}$$

式中　F——温室气体排放通量，$mg/(m^2 \cdot h)$；

ρ——被测气体标准状况下的密度，kg/m^3；

T——采样过程中密闭箱内的平均温度，℃；

H——采样箱的高度，m；

C——温室气体的体积混合比；

$\frac{dC}{dt}$——采样过程中密闭箱内温室气体的浓度变化率。

2. 季节或年通量估计方法

首先，对于实施了观测但测定值因不符合数据质量要求而被拒绝的情形，需要进行缺测值填补。被拒数据的填补有3种方法：一是用 $0 \sim |E_{limit}|$ 之间的随机数进行填补，其中 E_{limit} 是所采用的观测方法对日通量检测下限，它主要取决于气相色谱法分析气体样品浓度的精度，计算每个小时通量值所需的密闭箱内气体浓度观测的采样时间长短，以及采样箱尺寸（对于规则尺寸的采样箱，即为箱内气室高度）；二是用同一空间重复被拒值之前一次和之后一次有效观测结果的平均值进行填补；三是用其他空间重复的同步有效观测结果的平均值进行填补。实际操作中究竟用哪种填补方法，需根据当时的具体情况进行谨慎判断。紧接着，采用平均值内插法，用相近两天通量的平均值填补为实施观测日期的通量。最后，采用逐日累加法估计季节或年度通量，计算方法如下：

$$E|_{x_{n+1}=0} = k\sum_{i=2}^{n+1}[X_{i-1} + (t_i - t_{i-1} - 1)(X_{i-1} + X_i)/2] \tag{4-2}$$

式中　k——排放通量与日通量的换算系数；

t——观测日期；

i——观测次数；

X——观测日通量。

3. 通量计算结果的质量控制

只有当样品浓度随采样时间而变化的回归方程的复相关系数（R）达到统计显著时（$P<0.05$）计算才可以被接受。考虑到田间实验地影响因素多，同时盖箱期间的观测次数又较少，所以对于 $0.05<P<0.20$ 的观测通量值（即其有80%的可靠性），也勉强予以接受。凡 $P \geqslant 0.20$ 的观测通量值，应将其自动删除。

第三节 小麦玉米轮作农田温室气体排放监测技术规程

一、监测前准备工作

1. 采样点选择

选择监测田块一定要有代表性，要根据土壤性状和植株生长的情况，选择田块能够代表当地的种植模式、田间水肥等管理措施和植株长势。

2. 采样箱

本规范推荐的为手动静态箱，主要由顶箱、延长箱和底座三部分组成，通常采用方形结构（图 4-1）。

（1）顶箱

采用水槽密封方式与底座或延长箱密封。材料推荐使用 304K 不锈钢板框架，外覆盖一层 1cm 厚度的发泡隔热材料，或贴有反光锡箔材料。顶部装有混气风扇（直径 15cm 左右、用 12V DC 或 24V DC 驱动的风扇），用于在箱高超过 1m 且箱内植物茂密情况下采样时使用。箱侧面安装有风扇电源插头、取气体样品接口和测量温度接口，并配有外径 3mm、内径 1.5mm、长 0.1～1m 的 F46（聚四氟乙烯）采气管线（选材和设计均符合气相色谱分析要求），采气管线一端通过箱侧取气探头深入箱内 10cm 左右，另一端用三通阀密封，采样时与采样注射器相连（为避免阀里进尘土、小虫等，不采样时用阀帽将出口堵上）。顶箱内装有测温探头 3 个，其中 1 个探头悬挂在箱内，用于测定箱内气温，其探头通过壁接口与 1m 长导线连接，导线的另一端可接插到一只便携式数字温度计上，用于测量时读取温度数值；另外 2 个探头挂在箱外，用于与气体采样同步地测定箱外两个深度（5cm、10cm）土壤的温度。顶箱两侧各安装一个把手方便搬运。箱体上侧壁或顶壁上还需开一个小孔，安装气压平衡管，气压平衡管采用更换的软硅胶管即可，能弯折并可卡死使其密封。

（2）延长箱

对于高于顶箱高度的植株，需要在底座和顶箱之间放置延长箱。材料推荐使用 304K 不锈钢板框架，外覆盖一层 1cm 厚度的发泡隔热材料，或贴有反光锡箔材料。上端四周为密封水槽，方便与顶箱密封连接。箱体两侧各安装一个铁环方便搬运。

（3）底座

永久性底座应该在第一次采样前至少 24h 安装。不锈钢板厚 3.0mm，下端为刃口，插入土壤中保持密封性。底座侧板下半部（10cm 以下）开有两排直径为 20mm 的圆孔，其目的是尽可能保持植物根系生长空间不受限制和底座下土壤水分和营养物质交换。针对不同土壤和植被状况，底座深度各有不同，5～30cm 不等。

（4）采样箱规格

采样箱规格根据监测作物耕种方式制定，基本要求是采样箱要能够罩住作物及其周边的施肥区域，保证采样箱覆盖面积能够代表观测地块的实际情况。箱体通常盖地面积大于 0.25m^2，且要确保观测时箱内气室体积与箱底面积之比大于 10（采用这样比值的采样箱设计是为了使得采样操作导致的气体稀释效应对观测通量值造成的误差可以忽略不计）。小麦玉米轮作农田，小麦季采样箱规格为：底座长×宽×高为 50cm×50cm×20cm；顶箱长×宽×高为 50cm×50cm×50cm；延长箱长×宽×高为 50cm×50cm×50cm，延长箱在作物高于 50cm 的时候使用（图 4-3）。

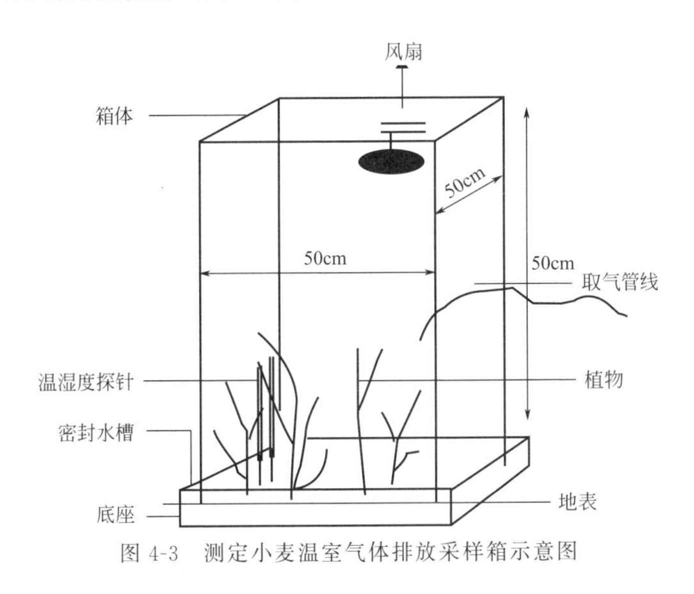

图 4-3 测定小麦温室气体排放采样箱示意图

玉米季采样箱规格为：取样箱为两侧分开式，只包括底座和顶箱。底座长×宽×高为 40cm×60cm×20cm；顶箱为两侧分开式，长×宽×高为 40cm×60cm×20cm，两个分开箱中间留有半径为 5～8cm 的半圆（图 4-4），采样时两侧箱体合拢，把植株夹在中间，植株和箱体间弹性密封材料实现密封。

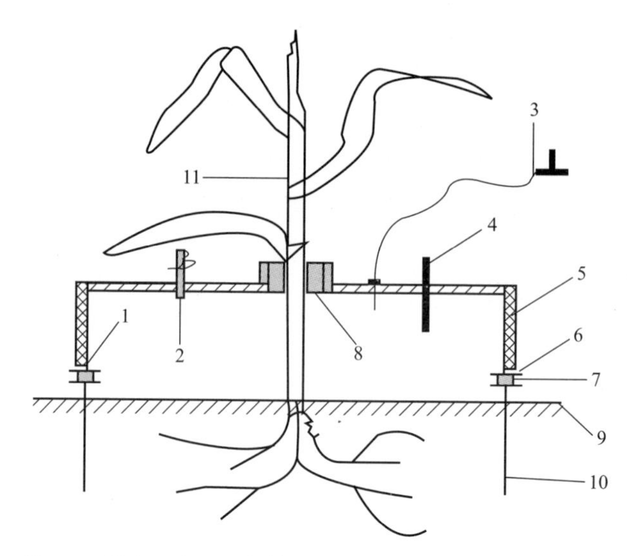

图 4-4　测定玉米温室气体排放的组合式采样箱结构示意图

1—不锈钢顶箱壁；2—气压平衡管；3—采样管及三通阀；4—温度传感器；5—外壁上的隔热材料；6—不锈钢平台；7—弹性密封材料；8—弹性密封材料；9—土壤表面；10—不锈钢底座壁；11—植株

3. 样品收集容器

选择化学性质稳定、无渗透、操作简单和轻便易携带的容器，一般为气袋或真空瓶。气袋（500mL）多为多层高分子聚合物与铝箔复合膜材料，配以方便气体采样及分析的气体进出口阀及硅胶针头取样垫。真空瓶（12～20mL），材质多为玻璃，瓶帽为塑料，瓶口放置可重复利用的高弹性硅胶垫，以便于多次使用和方便更换，建议每使用 20 次更换一次新的胶垫。根据气相色谱仪对进样量要求选择气体收集容器。

4. 其他配套装备

配套设备有真空泵、注射器（带针头）、三通阀、计时表等。真空泵用于将采气容器抽成真空状态。注射器为 60～100mL 医用注射器，用于转移从采样箱内采集的温室气体样品。一般采气袋通过三通阀与不佩带针头的注射器配套使用，而玻璃瓶与佩带针头的注射器配套使用。计时表用于准确掌握采样时间。

二、样品采集步骤

1. 采样前准备工作

应首先检查采样管、风扇电源、温度测量接头是否有效连接，确定仅用单个顶箱还是需要增加延长箱，每次取气操作前应在底座里加适量水以便于密封系统。

2. 罩箱

从采样箱存储位置取出主箱体，大幅摇晃箱体，使箱体内积聚的余气尽量扩散。罩箱前将底座加水，罩箱动作要轻缓，尽量少扰动周围的作物，也要避免引起底座周围土壤的扰动。罩箱后要仔细检查主箱体与底座的结合部位，以确保采样箱系统的密闭性。

3. 采气

（1）采气时间

采气一般在 8:00～11:00 进行。

（2）采气过程

在每个采样箱罩上后，当即取样一次，操作者应该站立在采样箱取气口的下风向，以避免因呼吸引起的观测误差。一般情况下间隔 8min 用 100mL 或 60mL 带有三通阀的聚丙烯医用注射器抽取箱内气体，冬季（温度低于 0℃）情况下采气时间一般每隔 15～20min 取一次。考虑到密闭箱内温室气体浓度随时间的变化，建议在每次罩箱后的 30min～1h 内，等间隔取样 5～6 次，通过这几次数据的斜率（线性或非线性拟合）计算气样的通量。采样前应该使注射器反复充气、放气数遍，以排空其中的余气，然后通过三通阀将注射器和采样箱取气口连接，取出气后立即将气样转移至采气袋或取气瓶中待分析。注意使用注射器抽取样品时不能用力过猛，尽量平缓地抽出箱内气体以免造成箱内气压波动。初始时刻和最后一次样品抽取完毕后，读取地下 5cm、地表、箱内、箱外气温数值并做记录。此外，还应同步测定土壤含水量，为不破坏观测点的土壤环境，应选择在采样点附近与箱内环境相同的土壤中测定。

(3) 采样频率

一般情况下每周采样 1～2 次。在每次施肥或灌溉后每天 1 次，连续取样 3～7d，直到排放峰消失；遇到强降雨后每天一次，连续取样 3d。冬季气温较低可以 10～15d 采样 1 次。

4. 移走箱体

当天最后一次取样结束后，取走顶箱和延长箱，避免对作物的长时间干扰。

三、静态箱法人工观测中的 N_2O 测定方法

本规程推荐的气体样品分析仪器为气相色谱仪。以安捷伦 7890A 系列气相色谱为例，装置电子捕获检测器（ECD）测定 N_2O，其中 ECD 对电负性化合物非常灵敏，其检测限 0.4×10^{-12}g/s（六氯化苯），在标准验收条件下，检测器温度为 300℃，流经检测器的气体（尾吹气和通过色谱柱的气体）流速为 30mL/min 时，最低检测限相当于 6×10^{-15}g/s。分析柱采用 Porapak Q 填充柱或毛细柱，载气使用高纯氮气（>99.999%）或高纯氩甲烷混合气（>99.999%），标准气体使用国家标准物质研究中心的产品，FID 助燃气氢气要求浓度>99.999%，空气采用钢瓶或空气发生器供气。

在气相色谱分析中，一般采用注射器进样。以安捷伦 7890A 为例，一般一次进样量在 12～30mL 即可。进样时，要缓缓推进注射器，均匀用力，而且做到同一批样品采用一致的进样时间。样品测定过程中利用高精度标准气体，应每隔 8～10 个样品即对仪器进行一次标定，以避免因仪器基线漂移引起的分析误差。

一周测定样品 4d 以上（包括 4d），应一直保持气相色谱仪开机状态。否则应在每次测定的前一天将仪器开启，以保证仪器有充分的活化和稳定时间。如果仪器稳定时间不够，则会出现基线漂移造成色谱峰积分不准，从而引起分析结果误差。如果遇到事故断电，应待电力恢复后立即启动仪器，一般需要稳定 4h 以上才可进行样品分析。

四、静态箱法人工观测中的气体通量计算方法

1. 日通量计算方法

基于每日单次或多日一次的小时通量人工观测值估计日排放通量，每次观

测通常在被认为能比较好地代表日平均值排放状况的时间实施，因而可直接将小时通量［通常采用的单位是 mg C/(m^2·h) 或 μg N/(m^2·h)］乘以24h而转换成日通量［通常采用的单位是 g C/(m^2·d) 或 mg N/(m^2·d)］。公式(4-5) 为利用气相色谱所测温室气体浓度计算其排放通量的公式。

$$F=\rho H\times\frac{\mathrm{d}C}{\mathrm{d}t}\times\frac{273}{273+T} \tag{4-3}$$

式中 F——温室气体排放通量，mg/(m^2·h)；

ρ——被测气体标准状况下的密度，kg/m^3；

T——采样过程中密闭箱内的平均温度，℃；

H——采样箱的高度，m；

C——温室气体的体积混合比；

$\frac{\mathrm{d}C}{\mathrm{d}t}$——采样过程中密闭箱内温室气体的浓度变化率。

2. 季节或年通量估计方法

首先，对于实施了观测但测定值因不符合数据质量要求而被拒绝的情形，需要进行缺测值填补。被拒数据的填补有三种方法：一是用 $0\sim|E_{\text{limit}}|$ 之间的随机数进行填补，其中 E_{limit} 是所采用的观测方法对日通量检测下限，它主要取决于气相色谱法分析气体样品浓度的精度，计算每个小时通量值所需的5次密闭箱内气体浓度观测的采样时间长短，以及采样箱尺寸（对于规则尺寸的采样箱，即为箱内气室高度）；二是用同一空间重复被拒值之前一次和之后一次有效观测结果的平均值进行填补；三是用其他空间重复的同步有效观测结果的平均值进行填补。实际操作中究竟用哪种填补方法，需根据当时的具体情况进行谨慎判断。紧接着，采用平均值内插法，用相近两天通量的平均值填补为实施观测日期的通量。最后，采用逐日累加法估计季节或年度通量，计算方法如下：

$$E\mid_{x_{n+1}=0}=k\sum_{i=2}^{n+1}[X_{i-1}+(t_i-t_{i-1}-1)(X_{i-1}+X_i)/2] \tag{4-4}$$

式中 k——排放通量与日通量的换算系数；

t——观测日期；

i——观测次数；

X——观测日通量。

3. 通量计算结果的质量控制

只有当样品浓度随采样时间而变化的回归方程的复相关系数（R）达到统计显著时（$P<0.05$）计算才可以被接受。考虑到田间实验地影响因素多，同时盖箱期间的观测次数又较少，所以对于 $0.05<P<0.20$ 的观测通量值（即其有 80%的可靠性），也勉强予以接受。凡 $P\geqslant 0.20$ 的观测通量值，应将其自动删除。

第五章 典型农田温室气体减排技术研究

减少农业源温室气体排放对控制全球气候变化具有重要作用，尤其是在未找到控制工业温室气体排放的替代技术前的最近20～30年间，农业减排成为减缓大气温室气体浓度升高的关键。农业是温室气体排放的主要排放源之一，农业温室气体减排对全球温室气体排放具有重要贡献，研究农田温室气体减排技术亦具有重要的现实意义。

农田温室气体排放受耕作方式、施肥、水分管理、间套作等农业措施的影响。已有研究结果表明：保护性耕作总体能提高表层SOC含量，减少CH_4排放，但减少农田土壤N_2O排放的研究尚存在一定的争议，耕作方式亦影响投入，从而影响温室气体的排放；施肥（特别是配施）能提高SOC含量。施氮肥越多，N_2O排放量越大，而CH_4主要受有机物料的影响较大；水分对减少N_2O和CH_4排放有相反作用，需综合进行平衡管理；不同的作物品种、间套作模式或促进或减少温室气体排放。因此，本章针对不同区域典型的种植模式下的生产管理特点，研究形成典型农田温室气体减排的关键技术。

第一节 茄果类设施蔬菜温室气体减排技术研究

一、材料与方法

1. 试验设计

试验在寿光市古城街道常治官村设施大棚内进行（E 118°42′04.5″，N 36°55′26.4″），种植模式为设施番茄，一年两茬，2012年8月16日～2013年2月

24日为秋冬茬；2013年3月2日～7月16日为春茬。试验点地势平坦，土壤为褐土，0～30cm表土有机质为16.6g/kg，速效磷17.5mg/kg，速效钾174.0mg/kg，硝态氮44.4mg/kg，铵态氮6.7mg/kg，pH值7.7。

试验共设置6个处理，即对照处理、有机肥处理、农民习惯处理、优化施肥处理（减排技术Ⅰ）、水肥一体化处理（减排技术Ⅱ）和硝化抑制剂处理（减排技术Ⅲ），每处理3次重复，随机排列，小区之间埋设50cm深塑料布。各处理的年度磷钾肥施用量均相同，分别为P_2O_5 180kg/hm^{2}和K_2O 300kg/hm^2，磷肥全部底施，40%钾肥和40%氮肥底施，剩余追施。各处理的详述如表5-1所示。

表5-1　日光温室番茄的试验处理

编号	处理	符号	施肥量/(kg/hm^2)				备注
			有机肥	化肥			
				N	P_2O_5	K_2O	
1	对照	CK	0	0	200	400	漫灌、肥料冲施
2	有机肥	OM	30000	0	200	400	漫灌、肥料冲施
3	农民习惯	FP	30000	720	200	400	漫灌、肥料冲施
4	优化施肥	OPT	30000	300	200	400	漫灌、肥料冲施
5	水肥一体化	OPTI	30000	300	200	400	滴灌
6	硝化抑制剂	OPTD	30000	300	200	400	滴灌，添加剂2%一次性底施

2. 样品采集与分析

采样一般在9:00～11:00进行，平常取样为3～7d一次，施肥后连续取样一周，灌溉或降雨后连续取样2d，冬季为两周一次。采样时将采样箱扣在底座凹槽内并加水密封，扣箱后用100mL塑料注射器于0min、8min、16min、24min、32min时抽取箱内气体，并准确记录采样时的具体时间和箱内温度。

每次采集气体的同时，测定土壤0～6cm土壤体积含水量（TZS-1）和3cm深度的土壤温度（JM624）。土壤孔隙含水量（WFPS）根据土壤容重和土壤密度（2.65g/cm^3）计算。

气体排放通量采用线性回归法进行计算，公式为：

$$F=\frac{M}{V_0}\times H\times\frac{dC}{dt}\times\frac{273}{273+T}\times\frac{P}{P_0}\times k \tag{5-1}$$

式中 F——目标气体的排放通量，mg/(m^2·h)；

M——气体的摩尔质量，g/mol；

V_0——标准状态下（温度 273K，气压 1013hPa）气体的摩尔体积（$22.41\times10^{-3}m^3$）；

H——采样箱气室高度，cm；

$\frac{dC}{dt}$——采样箱内气体浓度的变化速率；

P，T——采样时箱内气体的实际压力，Pa，温度，℃；

P_0——标准大气压，Pa；

k——量纲转换系数。

3. 数据处理

所得数据使用 Microsoft Excel 进行处理和作图，采用 SAS 软件进行数据分析和回归分析。

二、结果与分析

1. 设施蔬菜农田 N_2O 排放量

设施农田的 2012～2013 年度 N_2O 净排放量见表 5-2。从表 5-2 可以看出，2012 年秋冬茬 N_2O 排放量显著高于 2013 年春茬，平均增加近 4 倍，占周年 N_2O 排放总量的 47%～87%。OM 较 CK 处理下 N_2O 年排放总量增加 1.9 倍。与 FP 相比，三种减排措施均能有效减少 N_2O 排放量，年减排率介于 18.8%～31.2%。

表 5-2 设施农田的 2012～2013 年度 N_2O 净排放量 单位：kg N/hm^2

处理	CK	OM	FP	OPT	OPTI	OPTD
2012 年秋冬茬	1.39e	6.69d	16.07a	13.51b	13.05b	11.23c
2013 年春茬	1.56c	1.85bc	3.13a	2.09b	2.06b	1.98b
周年	2.95e	8.54d	19.19a	15.60b	15.10b	13.21c

根据设施菜地所有处理的年度 N_2O 排放量随施肥量的变化，由一元一次回归方程拟合，拟合度 R 大于 0.95。N_2O 直接排放系数为 0.8%（图 5-1），低于 IPCC（2003）默认值 1.0%，设施菜地背景排放量较高，为 3.738kg N/(hm^2·a)。

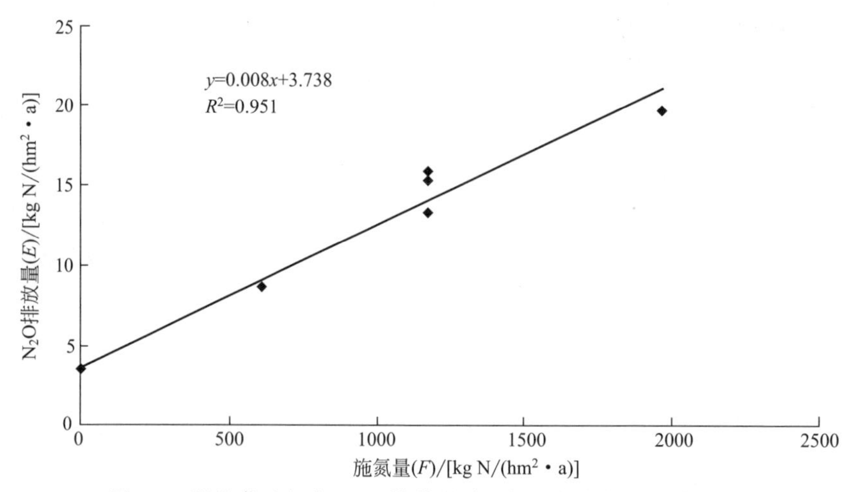

图 5-1 设施菜地年度 N_2O 排放量随施氮量的变化及排放系数

从图 5-2 可以看出，不同施肥方式土壤 N_2O 排放强度介于 0.025～0.132kg N/t，较粮田土壤高 1 倍左右。FP 处理下 N_2O 排放强度最高，CK 的 N_2O 排放强度最低。形成单位作物产量时，减氮优化施肥、减氮加硝化抑制剂、水肥一体化措施均能有效减少 N_2O 排放。尤其是 OPTD 处理，较 FP 平均减少 28.6%。

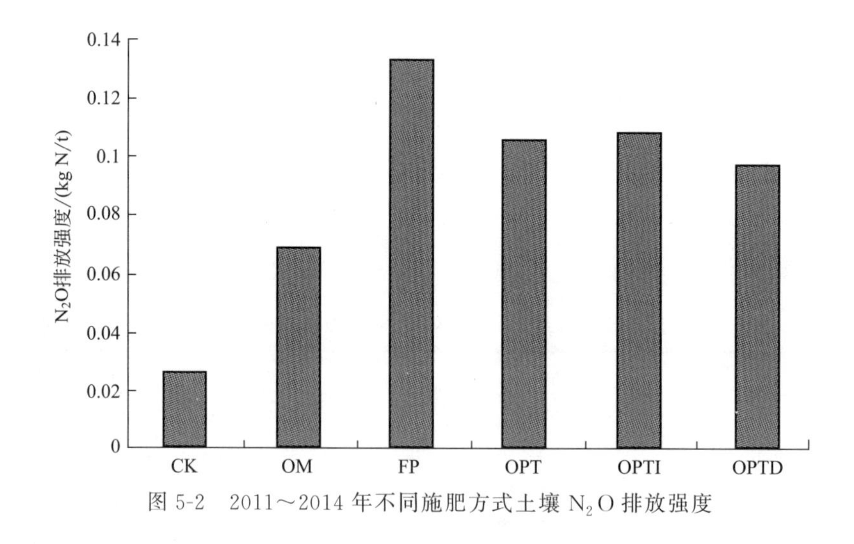

图 5-2 2011～2014 年不同施肥方式土壤 N_2O 排放强度

2. 设施蔬菜农田生态系统 CO_2 总呼吸

本研究采样时是罩作物的，一定程度上测得的生态系统总呼吸与作物生长量成正比。从表5-3中可以看出，施肥处理下生态系统总呼吸是CK的2倍左右，这与不施肥处理作物生长量较小有关。施肥处理相比，除OPT外，OPTI和OPTD周年生态系统总呼吸均高于FP，但处理间没有显著性差异。茬口间相比，秋冬茬生态系统总呼吸高于春茬，一方面可能与前者生长期内温度高于后者有关，研究表明生态系统总呼吸与温度成正比；另一方面，可能与秋冬茬生长时间较春茬长，作物生长量大有关。

表5-3　设施农田的2012～2013年度生态系统 CO_2 总呼吸量

单位：kg C/hm^2

处理	CK	OM	FP	OPT	OPTI	OPTD
2012年秋冬茬	1690.5	4192.2	4421.6	4371.3	4451.2	4604.1
2013年春茬	2542.3	3070.6	3375.6	3291.7	3436.1	3306.4
周年	4232.8	7262.8	7797.2	7663	7887.3	7910.5

3. 设施蔬菜农田 CH_4 排放量

从作物生长季来看，FP、OPTI和OPTD处理秋冬茬的 CH_4 净交换量均高于春茬，CH_4 交换量约占整个轮作周年的51%～54%（表5-4）。不同处理的 CH_4 年净交换量介于－1.4～－2.8kg C/(hm^2·a)，相当于每年可固定113.3～175.7kg CO_2/hm^2。与FP处理下相比，三种减排措施都能增加 CH_4 的周年吸收量，较FP增加25.7%～38.3%。

表5-4　设施菜地系统甲烷［kg C/(hm^2·a)］净交换及其二氧化碳［kg CO_2/(hm^2·a)］当量

处理	甲烷净交换量/[kg C/(hm^2·a)]			甲烷相当于 CO_2/[kg CO_2/(hm^2·a)]		
	2012年秋冬茬	2013年春茬	2012～2013年周年	2012年秋冬茬	2013年春茬	2012～2013年周年
CK	－1.4	－2.0	－3.4	－47.0	－66.3	－113.3
OM	－1.7	－2.3	－3.9	－55.7	－75.0	－130.7
FP	－2.0	－1.9	－3.8	－65.3	－61.7	－127.0
OPT	－2.2	－2.6	－4.8	－72.3	－87.3	－159.7
OPTI	－2.8	－2.4	－5.3	－94.7	－81.0	－175.7
OPTD	－2.6	－2.5	－5.1	－86.7	－84.7	－171.3

注：CH_4 的 CO_2 当量换算系数为100年时间尺度的全球增温潜势25（IPCC，2007）。

4. 减排技术对设施番茄产量和效益的影响

从图5-3可以看出，施肥显著增加番茄产量，2012年秋冬茬和2013年春茬两季作物产量平均分别增加25.2%和13.2%。与FP相比，OPT略有增产，周年增产率为2.2%，但差异性不显著；OPTI和OPTD处理下产量略有提高，周年分别减产2.2%和3.1%，但没有显著性差异。

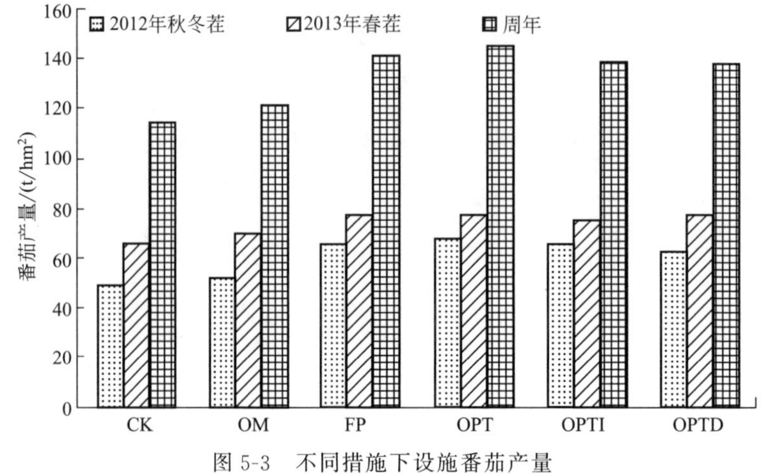

图5-3　不同措施下设施番茄产量

从生产成本来看（表5-5），各处理田间管理措施和磷钾肥用量一致，生产成本的差别在于氮肥成本和灌溉成本两方面。与对照相比，单施有机肥产量的提高不足以抵消肥料成本投入，所以收益降低5.6%。三种措施施肥量降低，因此肥料成本每公顷节省1800元。OPTI和OPTD运用滴灌技术，可节水10%～20%，灌溉成本相对降低。三种措施中，OPT技术可以增加收益，年增收约4%。

表5-5　不同措施下设施番茄收益

处理	2012年秋茬/(万元/hm^2)			2013年春茬/(万元/hm^2)			年化收益/(万元/hm^2)
	肥料成本	灌溉成本	收益	肥料成本	灌溉成本	收益	
CK	6.16	0.35	18.0	6.16	0.66	23.0	40.9
OM	9.16	0.35	16.0	8.41	0.66	22.7	38.7
FP	9.48	0.35	22.5	8.73	0.66	25.0	47.5
OPT	9.29	0.35	23.7	8.54	0.66	25.6	49.3
OPTI	9.29	0.31	22.3	8.54	0.53	24.3	46.6
OPTD	9.29	0.31	20.6	8.54	0.53	25.2	45.8

5. 设施蔬菜农田土壤无机氮

从表5-6可以看出，每季作物收获后，均以FP处理的1m剖面土壤无机氮含量最高，2012 年秋冬茬和 2013 年春茬收获后分别高达 431.43kg N/hm^2 和 543.1kg N/hm^2，意味着 FP 处理下土壤存在较高的氮素淋洗风险。随着种植季的增加，土壤中无机氮逐渐在土壤中累积，2013 年春茬收获后，土壤中无机氮含量较 2012 年秋冬茬收获后平均增加 39kg N/hm^2，增长 11.9%。优化施肥、缓控释氮肥和添加硝化抑制剂能有效减少 37.1%～47.1%的土壤剖面氮素残留。

表 5-6 设施农田的 2012～2013 年度土壤无机氮含量

单位：kg N/hm^2

处理	CK	OM	FP	OPT	OPTI	OPTD
2012 年秋冬茬	103.2	150.8	431.4	228.3	247	238.9
2013 年春茬	175.9	220.4	543.1	306.2	335.3	341.2

6. 设施蔬菜减排技术评估

表 5-7 列出了三种减排管理方式相对于农民习惯施肥方式(即 FP 处理）的标准化变化率和由其决定的综合评价指标。相对于 FP 处理，OPT 和 OPTD 综合评价指标值最高，表明这两个处理可作为优化的碳氮管理方案。

表 5-7 设施菜地农田的不同技术管理方式相对于农民习惯施肥方式的评价指标

处理	ΔN_2O/%	ΔGY/%	ΔFN/%	ΔTN/%	ΔWI/%	评价指标
OPT	−18.7	2.1	−43.0	−47.8	0	328.4
OPTI	−21.3	−2.3	−43.0	−42.0	−16.4	284.5
OPTD	−31.2	−3.1	−43.0	−43.0	−16.4	290.0

注：$\sum(a\Delta N_2O+b\Delta WI-c\Delta GY+d\Delta FN+e\Delta TN)$用于确定评价指标的值，其值越大，被评价的管理措施方案相对参比方案（这里为当地农民习惯施肥方式）而言越具优越性。

第二节 叶菜类设施蔬菜温室气体减排技术研究

一、材料与方法

1. 试验概况

试验于 2011 年 8 月至 2012 年 6 月在北京市大兴区留民营生态农场温室中

进行。留民营生态农场地处北京南郊平原（东经 116°13′，北纬 39°26′），土壤类型为砂质壤土，0～30cm 土层土壤有机质含量 23.2g/kg，全氮 11.8g/kg，有效磷 60.2mg/kg，速效钾 160.7mg/kg，EC（水：土＝2.5：1）275μS/cm，pH 值（水：土＝5：1）7.9，由于试验开始前此地块多年施用有机肥，整体土壤肥力偏高。

供试大白菜，品种为北京新 3 号，于 2011 年 8 月 12 号播种，9 月 5 号定植，定植密度 50000 株/hm^2，11 月 9 号收获，全生育期为 89d。试验施用肥料为鸡粪沼气发酵后的沼渣，取自北京市大兴区留民营沼气站。沼渣（N 1.12%，P_2O_5 4.63%，K_2O 0.89%，OM 22.84%，pH 8.49）全部作为底肥在试验开始前一次性施入。

供试作物法国西芹，于 2012 年 3 月 31 日定植，定植密度 33 万株/hm^2，6 月 19 日收获，田间生长周期为 80d。试验用有机肥料取自北京大兴区留民营沼气站，为鸡粪沼气发酵后的沼渣。沼渣（N 1.22%，P_2O_5 3.49%，K_2O 0.74%，OM 22.80%，pH 8.49）全部作为底肥在试验开始前一次性施入，试验期间不再投入其他有机肥料。

2. 试验设计

田间试验采用裂区设计：以灌溉量为主处理，设低灌溉（L）和高灌溉（H）两个水平，总灌溉量分别为 150mm 和 195mm。以施氮量为副处理，设有不施氮（CK）；常规施氮（N1），即当地农民习惯施氮量，450kg/hm^2；优化施氮处理（N2），为常规施氮量的 2/3，300kg/hm^2。共计 6 个试验处理，分别为低灌溉不施氮（LCK）、低灌溉常规施氮（LN1）、低灌溉优化施氮（LN2）、高灌溉不施氮（HCK）、高灌溉常规施氮（HN1）、高灌溉优化施氮（HN2）。每个试验处理设 3 次重复，共计 18 个小区，各试验小区面积为 6m×5m＝30m^2。除施氮灌水外，其他管理措施均保持一致。

3. 样品采集与数据分析

N_2O 采用密闭式静态箱法收集。箱体由两部分组成（图 5-4）：上部箱体为粘有透明有机玻璃的 PVC 管（直径 16cm、高 5cm），箱体顶端装有橡胶塞和三通阀，底部开口可以罩在底座上；下部底座为外围有水槽的 PVC 管（高 19.5cm），大白菜播种后将底座插入白菜株间的土中。采样容器为 20mL 医用塑料注射器和 12mL 真空玻璃瓶。采样时，水封槽内注满水，然后将气密室密封罩罩上，形成一个密闭性气体空间。在利用三通阀原理采集 N_2O 气体时，先将注射器注射头与箱体连接，来回抽取和推排气体 5 次，以混匀箱内气体，然后抽取气样，注入已抽真空的玻璃收集瓶中，带回实验室进行分析。

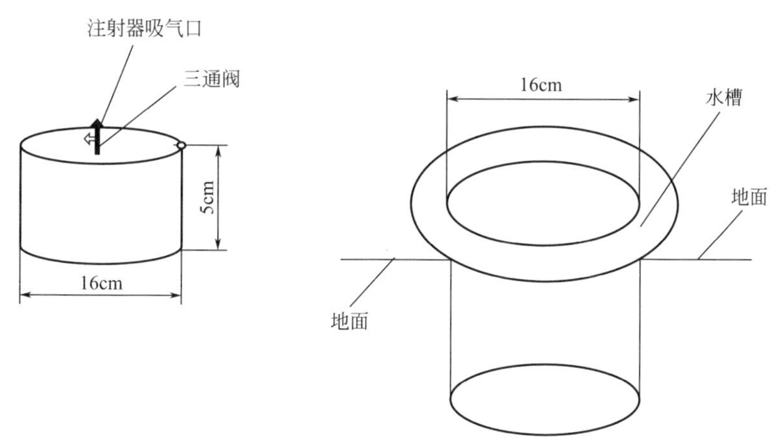

图 5-4　田间小区 N_2O 收集装置示意图

采气时间为 9:30～10:30，即在 0min、20min、40min、60min 时分别采集一次气体；同时测定棚内气温和 10cm 土层温度。施肥后即开始连续采样 7d，其后每 3d 采样 1 次，收集 2 次后每周采样 1 次；每次灌溉后第二天开始连续采样 4d，其后每 3d 采样 1 次，收集 2 次后每周采样 1 次。

大白菜产量测定时每小区取样 $2m^2$ 进行称重测定，烘干后用 H_2SO_4-H_2O_2 消煮，采用凯氏定氮法测定植株全氮含量；N_2O 的浓度采用型号为 Agilent 7890A 的气相色谱测定，检测器为电子捕获检测器（ECD），测定温度为 330℃，色谱柱为 Porapak Q 柱，柱温 70℃，载气为高纯 N_2，流速为 25L/min。N_2O 排放通量计算公式如下：

$$F=\rho h\times(\mathrm{d}C/\mathrm{d}t)\times 273/T \tag{5-2}$$

式中　F——排放通量，$\mu g/(m^2 \cdot h)$；

h——箱内有效空间的高度，m；

ρ——标准状况下 N_2O 气体的密度，取 $1.25kg/m^3$；

$\mathrm{d}C/\mathrm{d}t$——箱内气体浓度随时间的变化率，$\mu L/(L \cdot h)$；

T——采气箱内温度，K。

N_2O 排放系数 EF（emission factor）计算方法为：

$$\mathrm{EF}=(E-E_0)/N\times 100\% \tag{5-3}$$

式中　E，E_0——施肥处理与不施肥处理下 N_2O-N 的排放量；

N——施入的总氮量。

试验数据采用 Microsoft Excel 整理后作图，多重比较用 Duncan 氏新复极差法（SSR）进行，Pearson 相关性分析，统计软件为 SAS8.1。

二、结果与分析

1. 白菜季温室气体减排技术对农田 N_2O 排放量的影响

随着时间的推移，N_2O 累积排放量的增加逐渐减慢（图 5-5），但各处理 N_2O 排放量之间差异极为显著，灌溉量和施氮量的增加显著增加了土壤 N_2O 的排放。各处理间 N_2O 累积排放量的大小顺序依次为 HN1＞LN1＞HN2＞LN2＞HCK＞LCK，HN1 处理的累积排放总量最高，达到 3.18kg N/hm^2，是 LN1 处理的 1.39 倍，比 HCK 处理增加了 679.3%。灌水量的增加也显著增加了 N_2O 的排放，相同施氮量条件下，HN1 处理 N_2O 排放量较 LN1 处理增加了 38.7%，而 HN2 处理也较 LN2 处理增加了 17.3%。

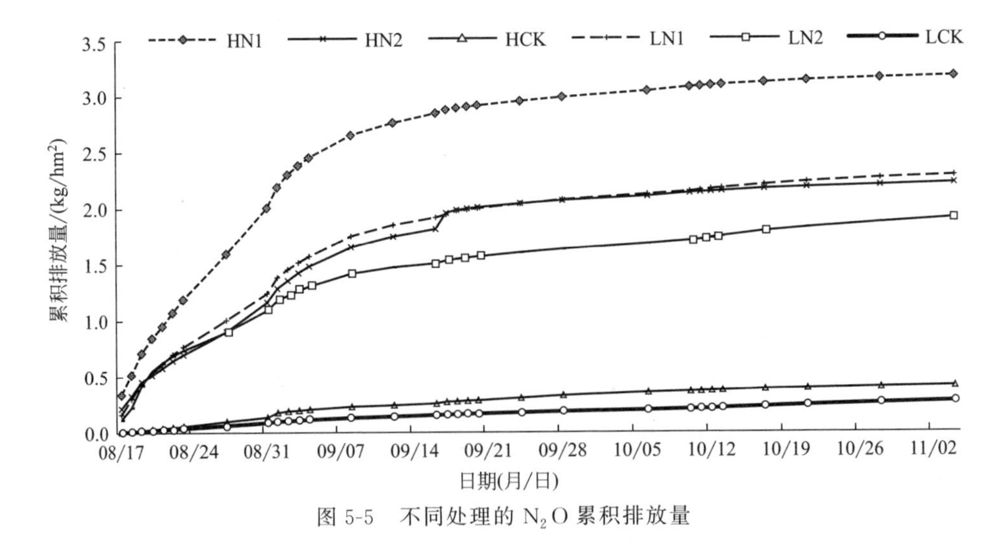

图 5-5　不同处理的 N_2O 累积排放量

通过 SAS 软件对 N_2O 的平均排放量进行裂区分析和多重比较（$P<0.05$）：

① 灌溉量（主处理）间 $P=0.138$，说明灌溉量的两个水平间差异不显著。但是高灌溉处理的平均排放量均高于低灌溉处理，HN1 和 HN2 分别比 LN1 和 LN2 高 43.2μg/(m^2·h) 和 15.3μg/(m^2·h)（表 5-8）。

② 施氮量（副处理）间检验结果副处理间差异极显著（$P<0.0001$）。多重比较后得出 N1 和 N2 之间差异不显著，但两者与 CK 差异显著，说明施肥后，显著提高了 N_2O 的排放量，LN1 和 HN1 分别达到 112.8μg/(m^2·h) 和 156.0μg/(m^2·h)。

③ 灌溉与施肥的交互作用（$P=0.531>0.05$），检验结果不显著。就 N_2O 减排而言，LN2 为较好的选择。

施氮处理的排放总量与不施氮处理差异显著，但整个大白菜生育期排放总量整体偏低，最大值仅为 3.18kg/hm^2。各处理 N_2O 的排放系数介于 0.29%～0.39%（表 5-8），HN1 处理的排放系数最大，为 0.39%。较常规施肥处理，优化施肥处理尽管排放系数提高了，却减少了 N_2O 的排放量。

表 5-8 不同处理的 N_2O 排放量及排放系数

处理	平均排放量/[μg/(m^2·h)]	排放总量/(kg/hm^2)	排放系数/%
LCK	13.8±4.29c	0.28±0.09c	
LN1	112.8±21.8ab	2.30±0.45ab	0.286±0.45a
LN2	94.3±22.5b	1.92±0.47b	0.348±0.47a
HCK	20.2±4.47c	0.41±0.09c	
HN1	156.0±60.9a	3.18±1.24a	0.392±1.42a
HN2	109.6±15.7ab	2.23±0.32ab	0.386±0.32a

注：每列中不同字母表示差异达到 5%显著水平，下同。

2. 芹菜季温室气体减排技术对农田 N_2O 排放量的影响

通过 SAS 统计分析软件对 N_2O-N 的平均排放通量进行裂区分析和多重比较，可见灌溉与施肥的交互作用不显著（$P=0.054>0.05$）；常规灌溉处理的 N_2O-N 平均排放通量比减量灌溉处理高 48.8%，达显著性水平（$P=0.002<0.01$）（表 5-9）；而不同施肥量间也存在显著差异（$P<0.0001$），常规施肥和减量施肥处理的 N_2O-N 平均排放通量分别达 311μg/(m^2·h) 和 117μg/(m^2·h)，均显著高于 CK 处理，可见施用含氮肥料能够显著增加 N_2O-N 的平均排放通量。本试验中，减量灌溉和减量施肥处理均能够显著减少 N_2O-N 平均排放通量，是设施蔬菜地 N_2O-N 减排的有效途径。

表 5-9　不同处理的 N_2O-N 排放通量

主处理		副处理			
		CK	N1	N2	平均
N_2O-N 平均排放通量/[μg/(m^2·h)]	H	7.28	352	161	173±153.2a
	L	6.33	270	73	116±119.3b
	平均	6.81±2.15c	310.6±54.1a	117±59.6b	
N_2O-N 排放总量/(kg/hm^2)	H	0.14	6.66	3.09	3.30±2.90a
	L	0.12	5.18	1.41	2.24±2.29b
	平均	0.13±0.04c	5.92±1.00a	2.25±1.14b	

将芹菜生育期内，各处理每天的 N_2O-N 排放通量分别累积相加得到其 N_2O-N 排放总量（如表 5-9 所示），表现为 HN1＞LN1＞HN2＞LN2＞HCK＞LCK，HN1 处理的 N_2O-N 排放总量最高，达到 6.66kg/hm^2，是 LN1 处理的 1.29 倍，比 HCK 处理增加了 47 倍；LN2 处理的 N_2O-N 排放总量为各施肥处理中最低，为 1.41kg/hm^2，仅达到 HN1 处理 N_2O-N 排放总量的 21.1%，因此，本试验条件下的 N_2O 排放通量随灌溉量和施肥量的增加而增大，减量灌溉和减量施肥能够有效减少 N_2O 的排放。减量的水肥组合处理（即 LN2）是在不影响产量的前提下减少 N_2O 排放的有效途径。

第三节　设施蔬菜废弃物堆肥减排技术研究

近年来，我国蔬菜产业化发展迅速，蔬菜废弃物的产生量逐年增大，2012 年我国可收集利用的蔬菜废弃物量达到 4.21 亿吨。蔬菜废弃物中含有与常用天然有机肥料相当的营养成分（以干物质计，氮含量为 3%～4%，磷含量为 0.3%～0.5%，钾含量为 1.8%～5.3%），利用堆肥技术将蔬菜废弃物进行资源化利用已成为国内外相关研究的热点。但由于蔬菜废弃物含水量较高，粉碎堆肥时易发生粘连，导致物料孔隙度减小，堆体内氧含量水平降低，进而延长堆肥周期，影响堆肥质量和周围的环境质量。研究发现，堆肥过程中有机态氮的降解及其硝化、反硝化作用会产生一定量的 N_2O，其产生量约占堆肥总氮质量的 0.2%～9.8%。此外，由于通风和翻堆工艺的限制及氧气的扩散距离有限，堆体内部局部厌氧状况普遍存在，也会产生一定量的 CH_4，产生量约占堆体总碳质量的 0.8%～6%。因此，堆肥被认为是温室气体主要的人为排放源之一，而堆肥过程中的温室气体减排问题也被越来越多的学者所关注。

对堆肥工艺及过程参数的改进是目前蔬菜废弃物好氧堆肥研究的重要内容，而关于减少蔬菜废弃物堆肥过程中氨气及温室气体排放的研究则较少见。因此，本试验通过对蔬菜废弃物堆肥过程中添加不同量过磷酸钙后的温室气体排放进行监测，以期了解蔬菜废弃物堆肥过程中温室气体的排放规律，为研究过磷酸钙对堆肥过程中温室气体的减排效果提供数据支持。

一、材料与方法

1. 试验材料

试验在北京市大兴区河津营绿福蔬菜生产合作社进行。所需生菜废弃物和玉米秸秆均由当地农户提供，鸡粪购买自当地有机肥经销商，其中玉米秸秆做粉碎处理（粒径<5mm），生菜及鸡粪未做处理。各种原料养分含量见表 5-10。

表 5-10 堆肥原料的基本性状

原料	全碳/%	全氮/%	全磷(P_2O_5)/%	全钾(K_2O)/%	含水量(鲜基)/%
生菜	26.96	2.83	1.04	4.47	93.18
玉米秸秆	40.49	0.66	0.15	0.62	14.73
鸡粪	30.45	3.09	2.19	2.13	34.69

2. 试验设计

试验于 2014 年 5～6 月进行，全程 27d，共设 6 个处理，3 次重复。除 CK（不添加过磷酸钙）外，根据混合物料初始总氮物质的量的 5%～25%（相当于物料干质量的 2.1%～10.3%），设 5 个不同过磷酸钙添加水平，各处理物料鲜基质量、过磷酸钙添加量如表 5-11 所示。鸡粪的添加量与生菜废弃物的质量比为 1∶1（按干物质计）；按照 C/N 值为 25 设置各处理物料用量，初始含水量为 71.99%，每个处理的物料混匀后装入体积为 0.77m^3 的保温箱内。物料装入前，将聚氯乙烯（PVC）管连接成栅栏状并按等间距交叉钻孔后铺于保温箱底部，6 个箱子并连组成一套曝气系统，每个箱子的通气速率为 0.27m^3/(min·m^3)，曝气频率为前 4 天每 4h 曝气 15min，第 5 天开始每 8h 曝气 15min，第 11 天进行翻堆加水，将各处理含水率调至 60%。

表 5-11　试验设计

处理	生菜+鸡粪+玉米秸秆/kg	过磷酸钙添加量/kg	P 单质占物料总氮的物质的量的比例/%	过磷酸钙添加比例/%
CK	124.97	0	0.0	0.0
S_5	124.97	0.72	5.0	2.1
S_{10}	124.97	1.44	10.0	4.1
S_{15}	124.97	2.15	15.0	6.2
S_{20}	124.97	2.87	20.0	8.2
S_{25}	124.97	3.59	25.0	10.3

3. 测定指标及分析方法

温室气体采用密闭式静态箱法收集。采气时间为 9:30～10:30，分别在 0min、20min、40min、60min 时各采集 1 次气体，并记录气温；各目标气体每个监测日均采集 3 个平行样品。堆肥开始后连续采样 7d，其后每隔 3d 采样 1 次，收集 3 次后隔 7d 采样 1 次。堆肥期间，每天 9:00 和 15:00 测定堆肥表层下 30cm 处温度，取其平均数作为当日温度。

温室气体浓度采用 Agilent 7890A 气相色谱测定。CH_4 和 CO_2 的检测使用氢火焰离子检测器（FID），工作温度为 200℃；N_2O 的检测使用微电子捕获检测器（ECD），工作温度为 330℃。色谱柱为 Porapak Q 柱，柱温 55℃，载气为高纯 N_2。

4. 计算方法和数据分析

温室气体排放通量计算公式见式(5-4)。

$$F=\frac{\rho h\times(dC/dt)\times 273}{T} \tag{5-4}$$

式中，符号同式(5-2)。

使用 Microsoft Excel 和 SAS 统计分析软件处理数据，方差分析采用 SSR 多重比较法。

二、结果与分析

1. 堆肥温度变化

堆肥期间不同处理的堆体温度变化如图 5-6 所示，各处理堆肥温度维持在

50℃以上的天数总体上呈现出随着过磷酸钙添加量的增加而增加的趋势。从堆肥第1天开始，各处理温度均达到50℃以上，并且各处理温度维持在55℃以上的天数均达7d以上，为杀灭堆肥中所含致病菌及堆肥腐熟提供了保证。其中S_{25}处理维持在50℃以上的天数最多，达到15d；其余处理在翻堆后均出现了温度降至50℃以下的情况。添加过磷酸钙处理第13天时，堆体温度均重新达到50℃以上，其中S_5处理维持在50℃以上的天数为2d，S_{10}、S_{15}和S_{20}处理则为4d。S_{10}、S_{15}和S_{25}处理的平均温度显著高于CK处理（$P=0.047$），其中S_{10}的平均温度最高，为51.90℃。

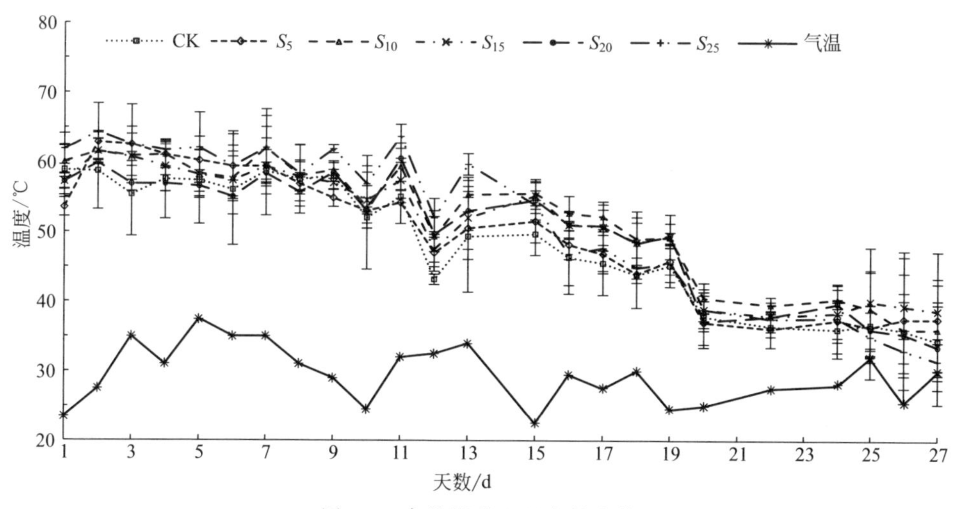

图5-6 各堆肥处理温度的变化

2. N_2O 排放特征

从图5-7(a) 中可以看出，添加过磷酸钙处理在堆肥第1天的N_2O排放速率均极显著低于CK($P<0.0001$)，其中S_{10}的N_2O排放速率最低，仅为11005$\mu g/(m^2 \cdot h)$，比CK处理低48.9%。蔬菜废弃物堆肥过程中的N_2O排放主要集中于堆肥第1周，其中CK处理峰值最大［21532$\mu g/(m^2 \cdot h)$］，出现在堆肥第1天，为添加过磷酸钙各处理排放峰值的1.43～1.82倍，其他各处理到堆肥第2天时均出现N_2O排放峰。随着堆肥时间的增加，N_2O排放速率呈现剧烈下降的趋势，添加过磷酸钙对堆肥过程中的铵态氮和硝态氮含量均有影响，因此可能影响到N_2O的排放。

从26d的累积排放量来看，添加过磷酸钙能够减少堆肥过程中的N_2O排放，在本试验条件下，随着过磷酸钙添加量的增加，N_2O排放量逐渐减少，

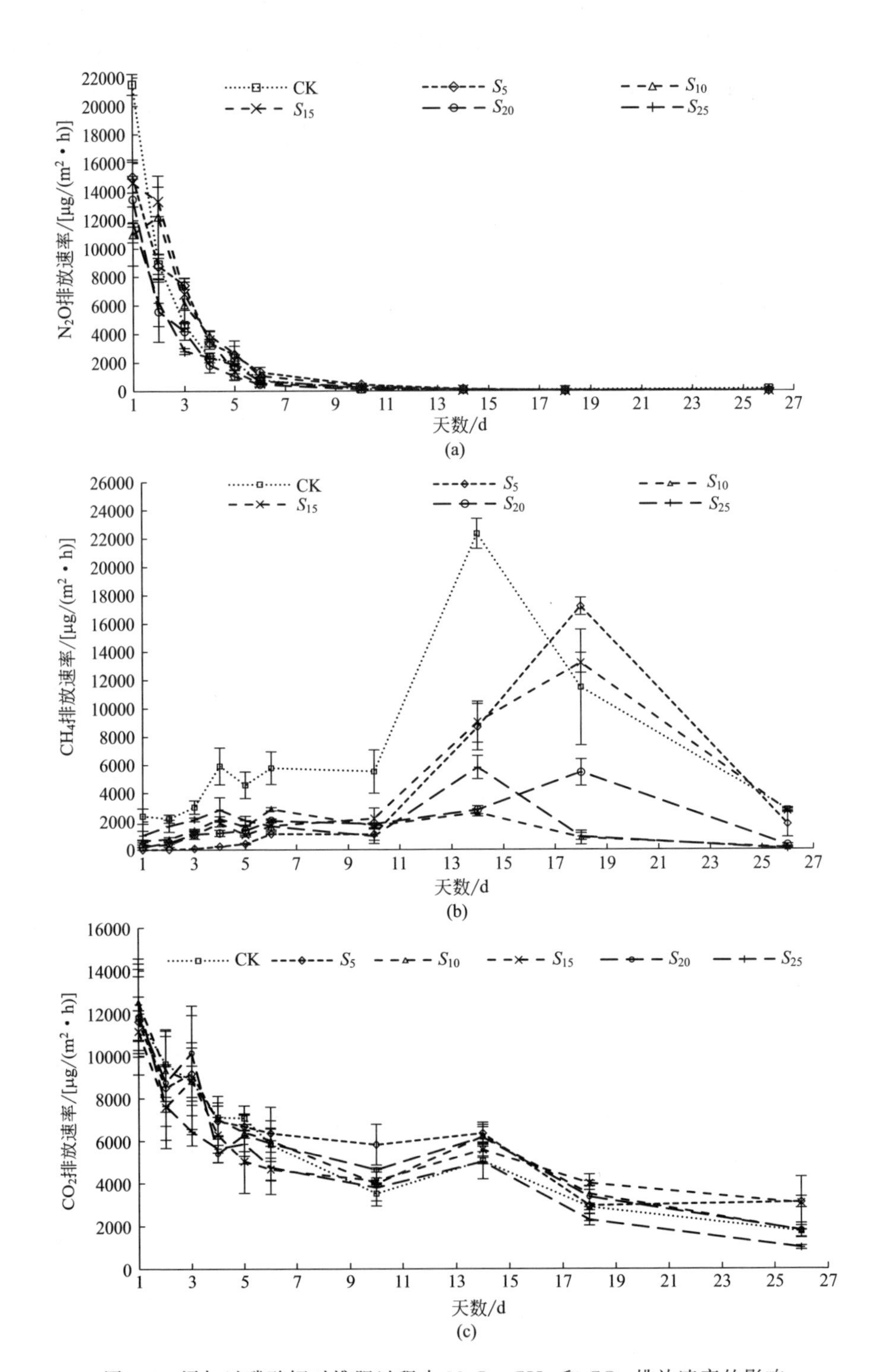

图 5-7　添加过磷酸钙对堆肥过程中 N_2O、CH_4 和 CO_2 排放速率的影响

其中 S_{20} 和 S_{25} 处理与 CK 差异显著（$P=0.0002$），S_{20} 处理的 N_2O 累积排放量最低，为 0.68g/m^2，仅占 CK 处理的 65.3%；但处理 S_{20} 和 S_{25} 间差异不显著。

本试验条件下，各处理 N_2O 的排放初期较高，而后持续降低，其排放主要集中于堆肥高温期，这可能与堆肥初期，蔬菜废弃物中 NO_x^--N 的含量较高有关。但吴伟祥等却认为堆肥高温期时，堆体的平均温度达到或高于 50℃，造成大量微生物死亡或休眠，进而影响堆肥物料的氮素代谢而抑制 N_2O 产生。堆肥过程中 N_2O 的产生和排放是一个非常复杂的过程，涉及多种微生物的代谢途径，受各种堆肥参数的影响，因此，进一步深入开展对堆肥过程 N_2O 产生与排放规律及其机理研究，对控制堆肥过程 N_2O 排放具有重要的现实意义。

3. CH_4 排放特征

整个堆肥过程中 CH_4 的排放速率总体呈现出先增大后减小的趋势［图 5-7(b)］，这可能与堆肥前期温度较高，有机物降解速率较快有关。此外，处理 S_{10}、S_{25} 与 CK 在堆肥第 14 天，其余处理在堆肥第 18 天时出现明显排放峰，这可能与第 11 天时进行翻堆加水，微生物活动加剧，促进了有机物的降解有关；第 26 天时各处理 CH_4 的排放速率均出现明显下降，这可能是物料中可利用的有效碳源减少造成的。整个堆肥过程中添加过磷酸钙处理的 CH_4 平均排放速率均显著小于 CK 处理（$P<0.0001$），其中处理 S_{10} 最小，为 1472μg/(m^2·h)。

在 26d 的累积排放量中，与 CK 处理相比，添加过磷酸钙处理均显著降低了 CH_4 累积，其中 S_{10} 的 CH_4 累积排放量最低，为 0.88g/m^2，仅占 CK 的 16.2%，与 S_{25} 处理差异不显著。可见，为减少 CH_4 排放，添加适量的过磷酸钙即可。

试验中 CH_4 排放峰并未出现在有机物分解速率较快的高温期，而是出现在堆肥的中后期，这与以往堆肥研究中的 CH_4 排放规律并不一致，这可能是堆肥前期的微生物活性较强及蔬菜废弃物的粘连导致孔隙度减小，堆体内有大量 CH_4 气体存留，翻堆操作促进了这些 CH_4 气体的逸出；堆肥中后期，温度开始降低时，嗜温微生物活性有所增强，而嗜热微生物仍有较高活性，加水提高了物料含水率，使微生物活性增强，进而导致局部厌氧环境的产生，引起中后期排放量的明显增加。本试验中添加过磷酸钙显著降低 CH_4 排放量，其中

S_{10} 处理 CH_4 累积排放量最小，比 CK 处理减少 80%以上；堆肥 CH_4 排放量总体呈现出随着添加量的增加而减少的趋势，与罗一鸣等在猪粪堆肥过程中添加不同量过磷酸钙得出的结论完全相反，这可能与堆肥原料不同有关，其作用机理尚需进一步研究探讨。

4. CO_2 排放特征

从图 5-7(c) 中可见，堆肥过程中 CO_2 排放速率总体呈现出下降趋势，堆肥第 14 天时各处理均出现明显的排放峰，这可能是由于第 11 天的翻堆加水促使微生物活动加剧所致。整个监测过程中，S_{25} 处理的 CO_2 平均排放速率最小，为 3975mg/(m^2·h)，比 CK 减少 13.5%，差异显著（$P=0.0002$）。从整个堆肥过程中 CO_2 累积排放量来看，S_{10}、S_{15}、S_{20} 与 CK 无显著差异，S_5 和 S_{25} 则与 CK 存在显著性差异，其中 S_5 的 CO_2 累积排放量是 CK 的 1.79 倍，而 S_{25} 则比 CK 减少 45.5%，存在着低量过磷酸钙加入增加 CO_2 排放，而增加用量又会使 CO_2 排放逐渐降低的现象。因此，在本试验条件下，堆肥过程中的 CO_2 累积排放量随着过磷酸钙添加量的不同出现较大差异，处理 S_{25} 的 CO_2 累积排放量最小，为 2480g/m^2。

5. 总温室效应

N_2O、CH_4 和 CO_2 为目前主要的温室气体，本试验条件下各处理 N_2O、CH_4 和 CO_2 排放当量如表 5-12 所示。本试验条件下，添加过磷酸钙使堆肥过程中总温室气体排放量显著降低（$P<0.0001$），其中处理 S_{25} 总 CO_2 排放当量值最低，为 19.35kg/t，显著低于其余各处理（$P<0.0001$），CO_2 排放当量较 CK 处理减少 19.36%。

表 5-12 堆肥过程中 N_2O、CH_4 和 CO_2 的排放当量 单位：kg/t

处理	N_2O	CH_4	CO_2	合计
CK	2.26±0.04	0.99±0.12	20.74±0.46	23.99±0.58b
S_5	2.22±0.05	0.67±0.04	24.25±0.96	27.14±0.96a
S_{10}	2.09±0.27	0.16±0.01	22.31±0.94	24.56±0.78b
S_{15}	2.17±0.22	0.62±0.01	21.89±0.42	24.68±0.52b
S_{20}	1.44±0.21	0.27±0.02	22.03±1.34	23.74±1.55b
S_{25}	1.46±0.12	0.20±0.02	17.69±1.60	19.35±1.51c

注：kg/t 为每吨物料（以鲜基计）排放温室效应气体的 CO_2 当量；N_2O 和 CH_4 的增温潜势分别是 CO_2 的 298 倍和 25 倍。

第四节 菜粮轮作温室气体减排技术研究

一、材料与方法

1. 试验设计

试验点位于山东省济南市章丘区枣园镇庆元村（36°49′N，117°27′E），属暖温带季风区大陆性气候，四季分明，光照充足。年平均气温12.8℃，年平均降水量600.8mm，年平均日照时数2647.6h。试验点地势平坦，土壤为褐土，0～20cm表土有机质为16.7g/kg，硝态氮1.37mg/kg，总氮1.07g/kg，pH值8.23。

种植模式为大葱-小麦轮作，供试大葱品种是大梧桐，小麦品种是济麦22。2013年7月4日移栽大葱，11月15日大葱收获；10月10日套种小麦，2014年6月24日小麦收获。共设置6个处理，对照处理、有机肥处理、农民习惯处理、优化施肥处理（减排技术Ⅰ）、缓控释肥处理（减排技术Ⅱ）和硝化抑制剂处理（减排技术Ⅲ），每处理3次重复随即排列，试验小区面积54m^2，小区之间设85cm田埂。各处理的年度磷钾肥施用量相等，分别为P_2O_5 180kg/hm^2和K_2O 300kg/hm^2，各处理如表5-13所示。

表5-13 大葱-小麦轮作农田的试验处理

编号	处理	符号	大葱季/(kg/hm^2)				小麦季/(kg/hm^2)			N总量/(kg/hm^2)
			有机肥	化肥			化肥			
				N	P_2O_5	K_2O	N	P_2O_5	K_2O	
1	对照	CK	0	0	180	300	0	0	0	0
2	有机肥	OM	3000	0	180	300	0	0	0	0
3	农民习惯	FP	3000	420	120	225	90	60	75	510
4	优化施肥	OPT	3000	280	120	225	120	60	75	400
5	控释肥	CRF	3000	280	120	225	120	60	75	400
6	硝化抑制剂	DCD	3000	280	120	225	120	60	75	400

2. 样品采集与分析

具体方法详见本章第一节“2.样品采集与分析”相关内容。

3. 数据处理

所得数据使用 Microsoft Excel 进行处理和作图，采用 SAS 软件进行数据分析和回归分析。

二、结果与分析

1. 菜粮轮作农田 N_2O 排放量

从表 5-14 中可以看出，对于既施有机肥又施化学氮肥的处理，2013～2014 年度 N_2O 排放量介于 2.26～3.64kg N/hm^2，平均 2.85kg N/hm^2，各处理间的差异显著。大葱季 N_2O 排放量平均较小麦季高 0.8～1.7 倍，占轮作周年的 65%～76%。有机肥施用引起的 N_2O 排放量，仅在大葱季与 CK 差异显著，小麦季排放量无显著性差异。施用有机肥增加 16%～29% N_2O 年排放量，增施化肥氮肥增加 1.1～1.5 倍 N_2O 排放量。三种减排措施均能有效减少 N_2O 排放量，减排顺序为 DCD＞OPT＞CRF，周年减排率介于 24.4%～37.9%。从排放系数来看，有机肥的 N_2O 排放系数较小，仅 0.15%。化肥氮的转化率介于 0.28%～0.49%，平均 0.39%，低于 IPCC（2003）默认值 1.0%。

表 5-14 大葱-小麦轮作农田的年度 N_2O 净排放量和施用肥料氮的年直接排放系数

处理	N_2O 净排放量/[kg N/(hm^2 · a)]			排放系数/%
	大葱季	小麦季	周年	
CK	0.46e	0.42d	0.92d	—
OM	0.71d	0.47d	1.13d	0.15
FP	2.81a	0.83a	3.64a	0.42(0.49)
OPT	1.96b	0.77ab	2.73b	0.34(0.40)
CRF	2.05b	0.69bc	2.75b	0.34(0.40)
DCD	1.63c	0.62c	2.26c	0.25(0.28)

注：均值后的不同字母指示在不同处理间存在显著性差异（$P<0.05$）。各施肥处理（）外的 EFd 值是以 CK 为参照计算的年直接排放系数，（）内的值是以 OF 为参照计算的年直接排放系数。

图 5-8 可以看出，不同施肥方式土壤 N_2O 排放强度介于 0.019～0.051kg N/t。FP 处理下 N_2O 排放强度最高，CK 的 N_2O 排放强度最小。形成单位作物产量时，减氮优化施肥、减氮加硝化抑制剂、缓控释肥处理均能有效减少

N_2O 排放。尤其是DCD处理，较FP平均减少41%。

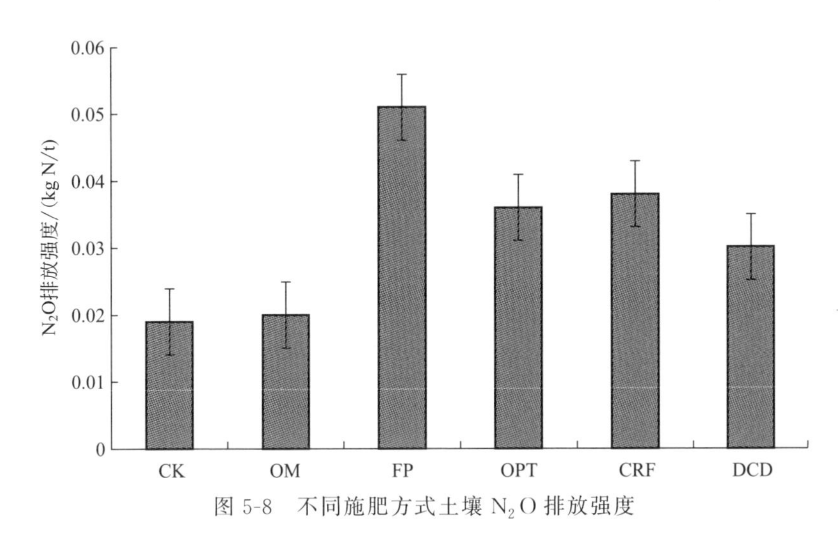

图5-8 不同施肥方式土壤 N_2O 排放强度

2. 菜粮轮作农田生态系统 CO_2 总呼吸

大葱-小麦轮作农田非生长季 CO_2 排放量（NEE_{ng}）较小，在0.59～0.70t C/(hm^2·a)之间，各处理相差不大，平均为0.66tC/(hm^2·a)。根据大葱和小麦产量（干重）估计生长季的 CO_2 净排放量（NEE_g）。结果显示，各处理大葱和小麦生长季的 NEE_g 总量介于－3.83～－7.92t C/(hm^2·a)，平均－6.55tC/(hm^2·a)（表5-15），减排技术对生态系统-大气碳交换的影响顺序为：OPT>DCD>CRF>FP>OM>CK。采用Zheng等报道的研究方法来计算大葱-小麦轮作系统下的净生态系统碳平衡（NECB），NECB＝NEE_g＋NEE_{ng}＋收获籽粒＋收割的秸秆-有机肥-还田秸秆。所有处理下的大葱-小麦轮作农田均表现为大气 CO_2 源。尤其是CK、NECB约为1.57t C/(hm^2·a)，平均每年约排放5.75t CO_2。这主要是因为不施肥限制了植物生长对大气 CO_2 的光合固定；而不施有机肥，导致土壤呼吸损失的碳得不到补充，从而使其成为较强的 CO_2 排放源。减排技术均能减少农田向大气的碳排放，但减排率不大，仅1%～13.0%。

表5-15 2013～2014年大葱-小麦轮作农田生态系统-大气碳交换

处理	NEE_g/[t C/(hm^2·a)]		NEE_{ng}/[t C/(hm^2·a)]		NECB/[t C/(hm^2·a)]	
	均值	SE	均值	SE	均值	SE
CK	－3.83	0.15	0.61	0.04	1.57	0.05

续表

处理	NEE_g/[t C/(hm^2 · a)]		NEE_{ng}/[t C/(hm^2 · a)]		NECB/[t C/(hm^2 · a)]	
	均值	SE	均值	SE	均值	SE
OM	−4.98	0.10	0.59	0.02	1.04	0.08
FP	−7.19	0.09	0.69	0.04	1.08	0.11
OPT	−7.92	0.14	0.68	0.04	1.02	0.02
CRF	−7.58	0.15	0.70	0.07	1.07	0.07
DCD	−7.79	0.27	0.67	0.02	0.94	0.06

注：NEE_g 和 NEE_{ng} 分别为生长季和非生长季的农田-大气二氧化碳净交换，NECB为净生态系统碳平衡。

3. 菜粮轮作农田 CH_4 排放量

从作物生长季来看，各处理在小麦季的 CH_4 净交换量高于大葱季，CH_4 交换量约占整个轮作周年的65.7%～71.8%，说明小麦季土壤氧化吸收 CH_4 的能力略高于大葱季（表5-16）。不同处理的 CH_4 年净交换量介于−0.57～−0.68kg C/(hm^2 · a)，相当于每年可固定19.0～22.7kg CO_2/hm^2。与FP处理相比，三个减排处理下的大葱-小麦轮作体系 CH_4 吸收量增加，增幅为3.3%～6.6%。

表5-16 大葱-小麦轮作系统甲烷[kg C/(hm^2 · a)]净交换及其二氧化碳[kg CO_2/(hm^2 · a)]当量

处理	2013年大葱季		2013～2014年小麦季		2013～2014年轮作周年	
	CH_4 净交换量	CO_2 当量	CH_4 净交换量	CO_2 当量	CH_4 净交换量	CO_2 当量
CK	−0.17	−5.7	−0.40	−13.3	−0.57	−19.0
OM	−0.22	−7.3	−0.42	−14.0	−0.64	−21.3
FP	−0.18	−6.0	−0.46	−15.3	−0.64	−21.3
OPT	−0.22	−7.3	−0.44	−14.7	−0.66	−22.0
CRF	−0.20	−6.7	−0.48	−16.0	−0.68	−22.7
DCD	−0.20	−6.7	−0.47	−15.7	−0.67	−22.4

注：CH_4 的 CO_2 当量换算系数为100年时间尺度的全球增温潜势25（IPCC，2007）。

4. 减排技术对大葱-小麦产量和效益的影响

从表5-17可以看出，施肥对大葱和小麦增产显著，周年增产8.9～16.2t/hm^2。与FP相比，三种减排措施均能增加产量，大葱季增产范围为2.3%～

6.5%，小麦增产率介于2.9%～7.4%，周年平均增产2.4%～5.2%。三种减排措施的顺序为DCD＞OPT＞CRF。从生产成本来看，各处理田间管理措施和磷钾肥用量一致，所以生产成本的差别在于氮肥成本和劳动力成本两方面。虽然缓控释肥较普通尿素价格高，但由于其使用量减少，轮作周年的肥料成本并未增加，反而较FP略减少8.45%；控释肥的施用减少2次追肥工作，节省劳动力成本50%，因此周年生产成本降低了27.5%。优化施肥处理肥料成本略有降低，但在大葱季较农民习惯增加了1次追肥，所以生产成本略增加2%。DCD在与FP等劳动力成本基础上，生产成本较FP略降低8.4%。与小麦相比，大葱产量大，价格高，收益是小麦的5～7倍。与FP相比，OPT、CRF和DCD三种调控处理均能提高年化收益，平均约6%。

表5-17 不同措施下大葱-小麦轮作农田作物产量（t/hm^2）和效益（万元/hm^2）

处理	大葱季		小麦季		周年	
	产量	效益	产量	效益	产量	效益
CK	45.2d	6.23	3.9d	0.57	49.1	6.8
OM	53.2c	7.14	4.8c	0.75	58.0	7.89
FP	64.3b	8.17	6.8b	1.00	71.1	9.17
OPT	67.5a	8.66	7.3a	1.11	74.8	9.77
CRF	65.8ab	8.65	7.0ab	1.17	72.8	9.82
DCD	68.3a	8.93	7.0ab	1.04	75.3	9.97

注：均值后的不同字母指示在不同处理间存在显著性差异。

5. 菜粮轮作农田土壤无机氮

从表5-18可以看出，每季作物收获后，均以FP处理1m剖面土壤无机氮含量最高，意味着FP处理下土壤存在较高的氮素淋洗风险。优化施肥、缓控释氮肥和添加硝化抑制剂能有效减少17.8%～34.6%的土壤剖面氮素残留。

表5-18 不同减排措施下大葱-小麦轮作农田土壤无机氮含量 单位：kg N/hm^2

处理	CK	OM	FP	OPT	CRF	DCD
大葱收获土	43.5	72.2	321.7	210.7	264.1	234.5
小麦收获土	120.3	136.5	340.2	250.2	230.8	256.8

6. 菜粮轮作减排技术评估

表5-19列出了三种减排管理方式相对于农民习惯施肥方式（即FP处理）的标准化变化率和由其决定的综合评价指标。相对于FP处理，DCD的综合评

价指标值都大于其他管理方式，表明这个处理可作为优化的碳氮管理方案。鉴于农民易掌握程度和使用意愿，OPT 仍为最佳选择。

表 5-19 不同技术管理方式相对于农民习惯施肥方式的评价指标

处理	ΔGHG/%	ΔGY/%	ΔFN/%	ΔTN/%	评价指标
OPT	−11.5	5.2	−17.0	−30.4	167
CRF	−8.7	2.4	−17.0	−25.2	184
OPTD	−20.8	5.9	−17.0	−25.8	185

注：$\sum(a\Delta GHG+b\Delta TN-c\Delta GY+d\Delta FN+e\Delta TN)$用于确定评价指标的值，其值越大，被评价的管理措施方案相对参比方案（这里为当地农民习惯施肥方式）而言越具优越性。

第五节 蔬菜废弃物还田对露地生菜温室气体排放的影响

一、材料与方法

1. 试验材料

试验于 2014 年 6 月～10 月在北京市大兴区长子营镇下长子村生菜地进行，土壤质地类型为轻壤质潮土，0～30cm 土层的土壤基本理化性质为全氮 1.51g/kg，速效磷 207.25mg/kg，速效钾 271.84mg/kg，有机质 25.80g/kg，pH 7.72，EC 260μS/cm。

供试作物为散生生菜，第一茬于 2014 年 6 月 13 日育苗，6 月 28 日定植，7 月 27 日收获，全生育期为 45d；第二茬于 2014 年 8 月 27 日育苗，9 月 12 日定植，10 月 10 日收获，全生育期为 45d。两茬菜的定植密度均为 20 万株/hm^2。

第一次还田时间为 6 月 20 日，第二次还田时间为 7 月 30 日。

消毒剂 XD 由北京市农林科学院营资所提供。该消毒剂为固态晶体，含氮 22.80%；使用时配制成质量分数为 1% 的水溶液，pH 值为 6.72，EC 值为 1120μS/cm。

2. 试验设计

试验采用裂区试验方式，以是否喷施消毒剂为主处理，蔬菜废弃物还田量为副处理，共设 5 个水平（见表 5-20）。

表 5-20 不同蔬菜废弃物还田量水平

处理	描述
A	对照，不还田
B	单位面积废弃物产生量的 25%（鲜重 2.52t/hm^2）
C	单位面积废弃物产生量的 50%（鲜重 5.03t/hm^2）
D	单位面积废弃物产生量的 100%（鲜重 10.06t/hm^2）
E	单位面积废弃物产生量的 300%（鲜重 30.18t/hm^2）

试验共有 10 个处理，每个处理设 3 次重复，总计 30 个小区，小区面积为 1.5m×12m=18m^2。为保证统一性，第一茬生菜收获后各处理的废弃物还田量与其种植前相同，且还田前做混匀处理。第一茬生菜种植前还田的废弃物含 N 3.83%、P_2O_5 1.54%、K_2O 1.32%，收获后还田废弃物含 N 3.85%、P_2O_5 1.04%、K_2O 1.13%。喷洒消毒剂的小区，每小区喷 1.5L 消毒剂溶液。

3. 测定指标及分析方法

温室气体采用密闭式静态箱法收集及温室气体排放通量计算，具体方法详见本章第二节材料与方法相关内容。

使用 Microsoft Excel 和 SAS 软件处理分析数据，方差分析采用 SSR 多重比较法。

二、结果与分析

1. 对 N_2O 排放的影响

从图 5-9 中可以看出，各处理土壤 N_2O 排放整体呈现出逐渐降低的趋势，其中 7 月 9 日出现明显排放峰，这可能是 7 月 8 日的灌溉引起的干湿交替造成的。N_2O 监测第一天时对各处理进行显著性分析得出：主副处理间交互作用显著（$P=0.0017$），还田处理的 N_2O 排放通量显著高于对照处理（$P<0.0001$），处理 CP 的值最高，分别为处理 AP 和 A 的 1.53 倍和 4.97 倍。将各处理整个生长季的 N_2O 平均排放通量进行显著性分析得出：主副处理间交互作用不显著（$P=0.91$）；主处理间差异亦不显著（$P=0.96$），但不同还田量处理间差异显著（$P=0.0034$），处理 C 和 D 的 N_2O 平均排放通量分别比对照处理高 38.53%和 46.75%，并达到显著性水平，但二者间差异不显著。

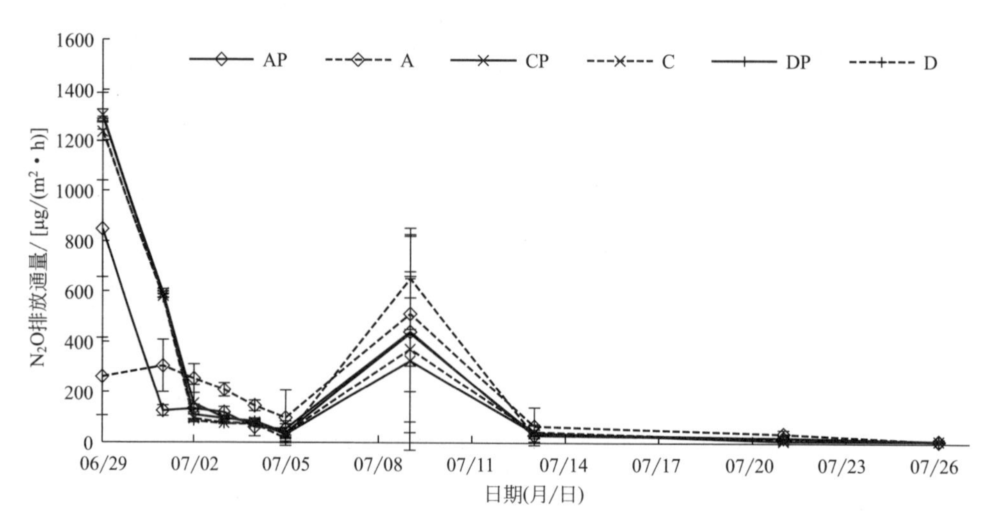

图 5-9　第一茬生菜生长季土壤 N_2O 排放动态变化

注：AP、CP、DP 分别为处理 A、C、D 的喷施消毒剂处理，下同。

图 5-10 为第二茬生菜生长季土壤 N_2O 排放动态变化。各处理 N_2O 排放通量变化与第一茬时的趋势相同，但未出现明显排放峰，这可能与第二茬生菜生长期内，土壤蒸腾作用较低，仅在定植时进行了一次灌溉有关。整个生长季内，各处理 N_2O 平均排放通量差异极显著（$P=0.0016$），蔬菜废弃物还田后显著提高了 N_2O 排放量，其中处理 D 的排放量最高，达到 320.26μg/(m^2 · h)，是对照处理的 2.73 倍。

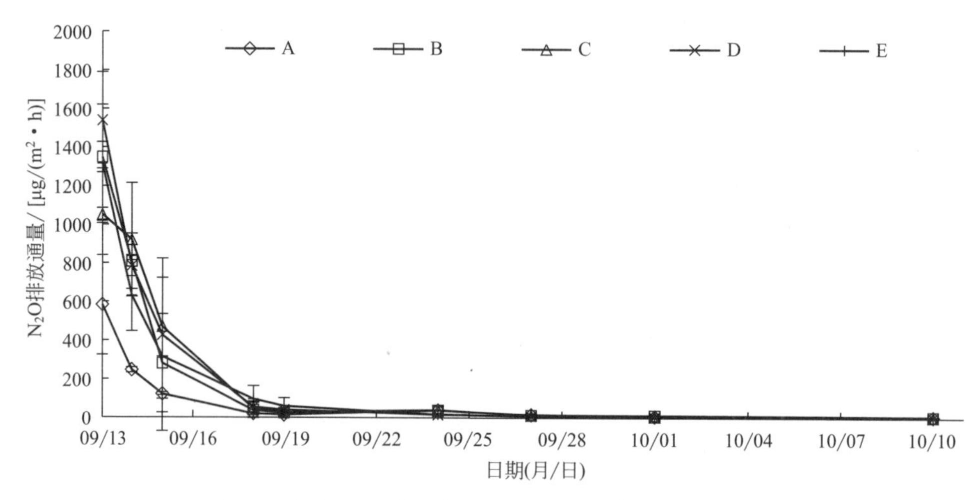

图 5-10　第二茬生菜生长季土壤 N_2O 排放动态变化

2. 对 CH_4 排放的影响

从图 5-11 可以看出，各处理 CH_4 排放动态变化规律较一致，在 7 月 4 日和 7 月 13 日时，均出现了明显的排放峰，这可能是灌溉所产生的厌氧环境及土层表面 CO_2 浓度升高，提高了厌氧微生物的活性造成的。各处理整个生菜生育期内 CH_4 的平均排放通量介于 3.27～4.29μg/(m^2·h)。经差异性分析，主副处理间交互作用不显著（P=0.52）；主处理及副处理间差异亦不显著（P=0.65 和 P=0.96），即蔬菜废弃物第一次还田后，对后茬生菜生长季中 CH_4 排放未产生显著影响。

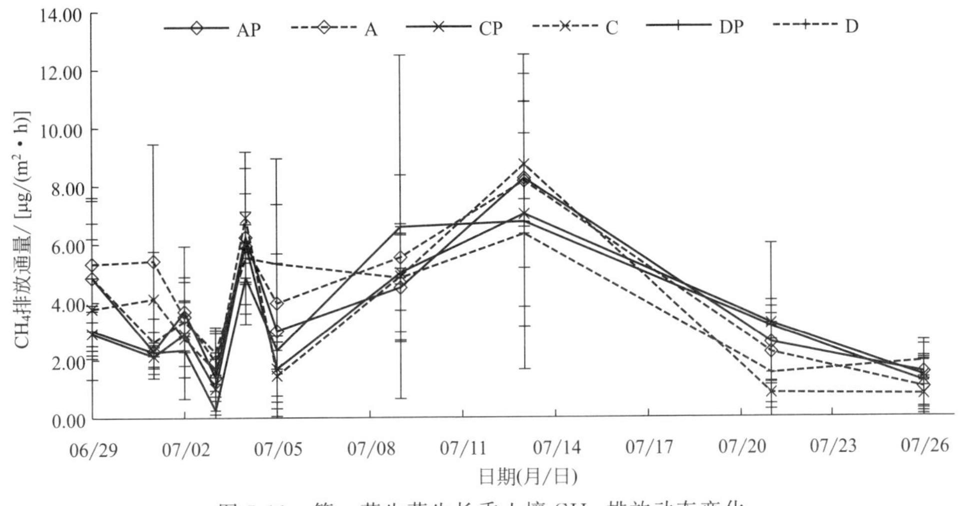

图 5-11 第一茬生菜生长季土壤 CH_4 排放动态变化

图 5-12 为第二茬生菜生长季土壤 CH_4 排放动态变化。不同还田量处理间的 CH_4 排放规律均总体呈现出降低的趋势，各处理整个生长季土壤的 CH_4 平均排放通量无显著差异（P=0.74），介于 1.31～1.68μg/(m^2·h)。空白处理 CH_4 排放通量相对较高，而 CO_2 排放通量较低（见图 5-14），说明蔬菜废弃物还田后提高了土壤的通气性，促进了有机物的充分分解。

3. 对蔬菜地 CO_2 排放的影响

图 5-13 为第一茬生菜生长季土壤 CO_2 排放的动态变化。整个生长季中各处理 CO_2 排放通量变化比较一致，在 2014 年 7 月 3 日时出现明显排放峰，这可能是 7 月 1 日的灌溉提高了土壤含水率，且此时土壤通气性增强，进而提高

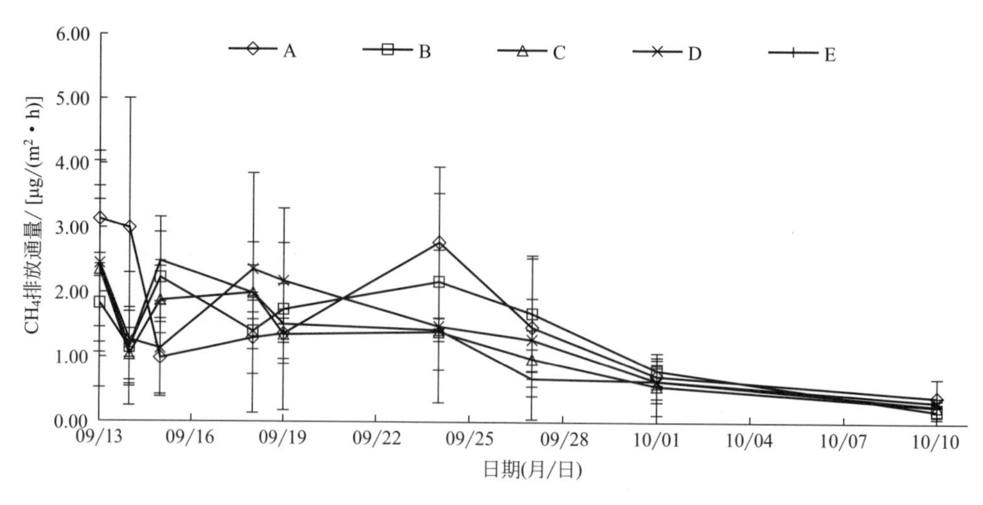

图 5-12　第二茬生菜生长季土壤 CH_4 排放动态变化

了土壤微生物活性引起的；而 7 月 9 日后各处理 CO_2 排放通量均有所增加，可能是与生菜进入生长季后期，植株进行光合作用争夺空间导致土壤表面空气流动性降低，造成 CO_2 浓度升高有关。整个生长季各处理 CO_2 平均排放通量介于 70.79～80.55mg/(m^2 • h)，将其进行显著性分析后得出：主副处理间交互作用不显著（$P=0.68$），主处理及副处理间的差异亦不显著（$P=0.80$ 和 $P=0.60$），即第一次蔬菜废弃物还田后，对后茬生菜生长季的 CO_2 排放无显著影响。

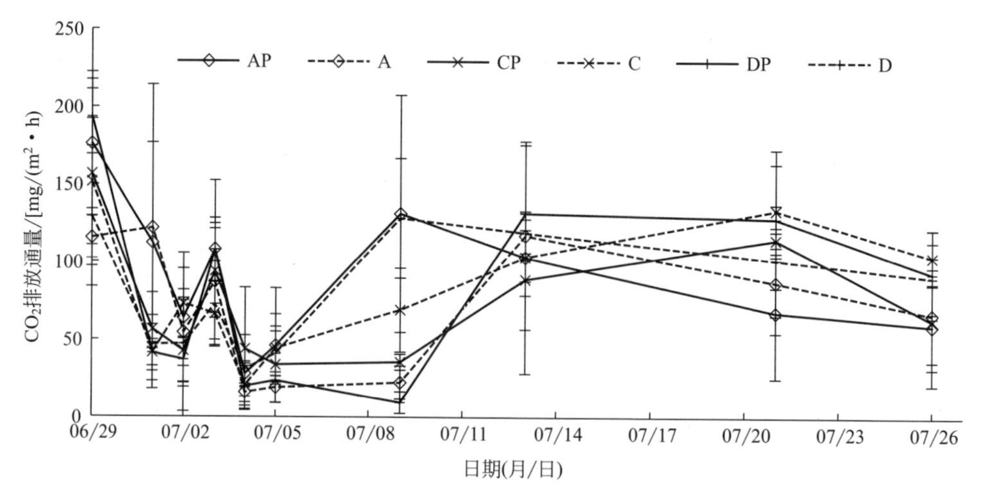

图 5-13　第一茬生菜生长季土壤 CO_2 排放动态变化

在第二次还田后，各处理 CO_2 排放通量均表现出逐渐降低的变化趋势，且 CO_2 的排放主要集中在生菜生长季的前期。不同还田量处理对土壤 CO_2 平均排放通量的影响出现较大差异（见图 5-14），其中处理 D 和 E 的土壤 CO_2 平均排放通量显著高于对照处理（$P=0.04$），分别是对照处理的 2.07 倍和 2.55 倍；处理 B 和 C 则与对照处理无显著差异。

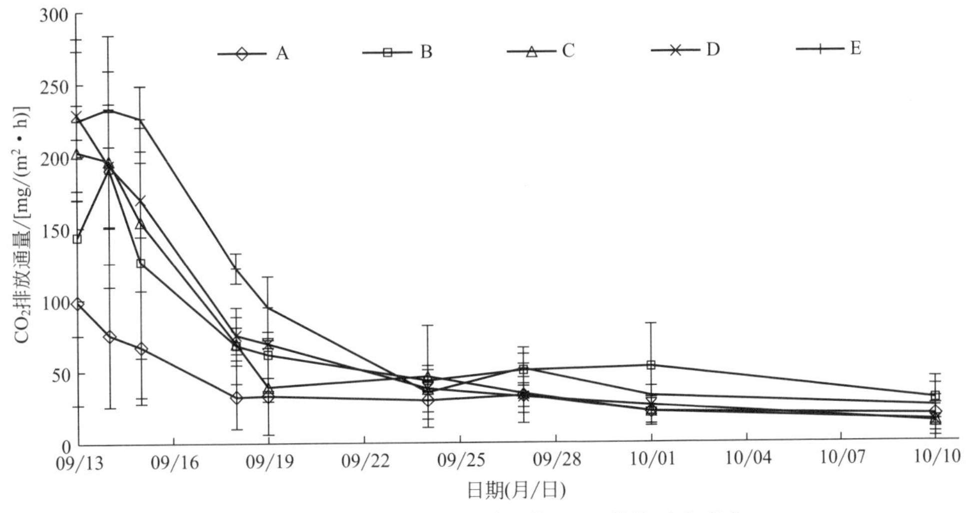

图 5-14 第二茬生菜生长季土壤 CO_2 排放动态变化

4. 蔬菜废弃物还田对总温室效应的贡献率

本试验条件下，第一茬生菜生长季内，各处理排放温室气体的总 CO_2 排放当量，如图 5-15 所示。显著性分析表明：主副处理间交互作用不显著

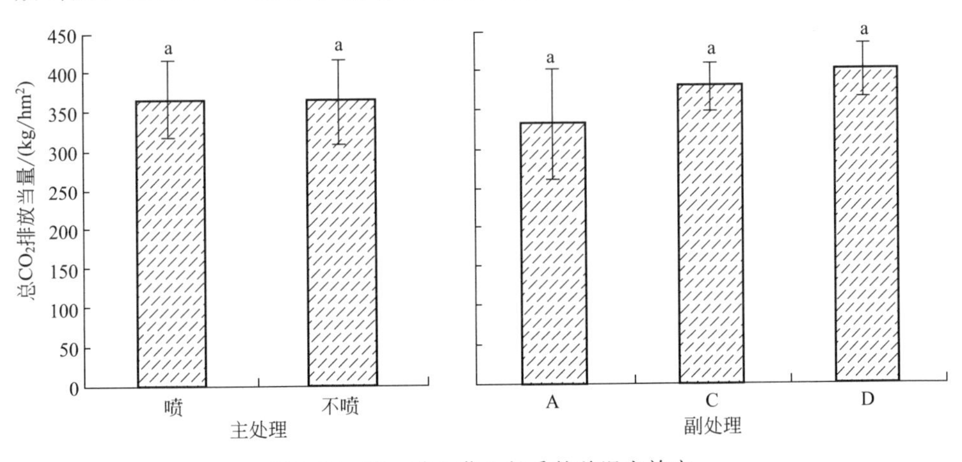

图 5-15 第一茬生菜生长季的总温室效应

(P=0.58);主处理及副处理间亦差异不显著(P=0.78 和 P=0.13),各处理总 CO_2 排放当量介于 305.4～392.3kg/hm^2。因此,蔬菜废弃物经过一次还田后,对蔬菜地温室效应并无显著影响。

图 5-16 为第二茬生菜生长季内不同还田量处理的总温室效应。经显著性分析显示:对照处理的总 CO_2 排放当量显著低于其余处理(P<0.01);处理 B、C、D 和 E 间无显著差异,其中处理 E 的总 CO_2 排放当量值最大,达到 426.3kg/hm^2,为对照处理的 2.45 倍。

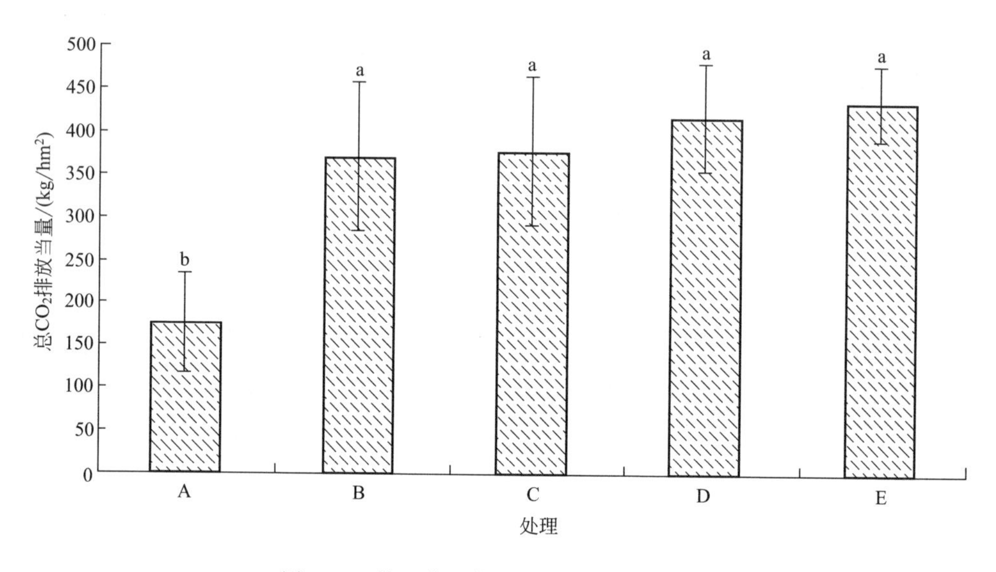

图 5-16 第二茬生菜生长季的总温室效应

本试验条件下,蔬菜废弃物第二次还田后,显著增加了生菜生长季的温室效应贡献,但各处理间差异不显著,各处理的总 CO_2 排放当量的平均值为对照处理的 2.26 倍,即蔬菜废弃物还田后,使得整个生菜生长季的总 CO_2 排放当量增加 126.37%。

以本试验中处理 D(还田量 100%)为参考,两次还田后的总 CO_2 排放当量为 796.4kg/hm^2,总还田量为 20.12t/hm^2,因此,每吨蔬菜废弃物还田后的总 CO_2 排放当量为 39.85kg;等量蔬菜废弃物堆肥处理过程的总 CO_2 排放当量为 33.74kg,并且施用有机肥对蔬菜地温室气体的排放有显著的促进作用,因此,蔬菜废弃物的原位还田处理与堆肥处理的温室气体排放量相差不会很大,甚至比堆肥处理的还会低一些。

第六节　小麦玉米轮作温室气体减排技术研究

一、材料与方法

1. 试验设计

试验一：小麦季试验在泰安市泰山区邱家店镇综合试验农场进行，试验点地势平坦，处于暖温带半湿润大陆性季风气候区，多年平均气温 13.2℃，多年平均降水量 803.7mm，年平均日照时数 2655h，无霜期 187d。该地区农田常年实行冬小麦-夏玉米轮作。土壤为棕壤，质地为轻壤土，0～20cm 表土有机质为 14.0g/kg，速效磷 22.8mg/kg，速效钾 78.0mg/kg，硝态氮 19.4mg/kg，铵态氮 3.3mg/kg，pH 值 7.8。

试验用小麦品种是济麦 22，试验设 4 个处理，分别为：

① 秸秆不还田（SN）：前茬玉米收获后将秸秆及根茬运到试验区外，将 1/2 氮肥与全部磷钾肥掺混后撒施旋耕，1/2 氮肥在小麦返青-拔节期撒施，氮肥为尿素；

② 秸秆还田（SR）：前茬玉米收获后秸秆及根茬粉碎还田，将 1/2 氮肥与全部磷钾肥掺混后撒施旋耕，1/2 氮肥在小麦拔节-返青期撒施，氮肥为尿素；

③ 缓控释氮肥（SRC）：秸秆处理同处理②，全部氮肥与磷钾肥掺混后一次性撒施旋耕，氮肥为缓控释氮肥；

④ 氮肥条施（SRR）：秸秆处理同处理②，全部磷钾肥撒施旋耕后，每畦开出 3 条深 10～15cm 施肥沟，将 1/2 氮肥施入后覆土，小麦返青-拔节期用同样方法施入 1/2 氮肥，氮肥为尿素。

各处理施肥量相等，N、P_2O_5、K_2O 分别为 210kg/hm^2、105kg/hm^2 和 75kg/hm^2，磷肥为过磷酸钙 [$w(P_2O_5)=12\%$]，钾肥为氯化钾 [$w(K_2O)=60\%$]，缓控释氮肥由山东省农业科学院农业资源与环境研究所提供。试验采取 3 次重复，小区面积为 60m^2，试验地四周设置 3m 宽保护行。畦宽 1.5m，播种 6 行小麦，小麦品种为济麦 22，于 2012 年 10 月 12 日播种，2013 年 6 月 14 日收获，分别在小麦播种、返青和扬花时灌溉，每次灌溉量为 750m^3/hm^2。

试验二：在淄博市桓台县新城镇逯家村进行，试验点地势平坦，该地区农田常年实行冬小麦-夏玉米轮作。土壤为潮褐土，质地为轻壤土，0～20cm 表土有机质为 23.7g/kg，速效磷 18.4mg/kg，速效钾 88.0mg/kg，碱解氮 31.2mg/kg，pH 值 8.8。

试验用小麦品种是济麦 22，玉米品种为郑单 958。试验设 3 个处理，每个处理 4 个重复，CRF 和 CK 处理与 2011 年 6 月份设立并进行温室气体监测，CU 处理于 2012 年 6 月设立并进行温室气体监测。

CK（对照无氮肥，CK）：一年两季，冬小麦-夏玉米，秸秆全部还田，小麦秸秆高茬覆盖还田，免耕直播夏玉米。玉米秸秆粉碎还田，免耕直播冬小麦。冬小麦季施用 N 0kg/hm^2、P_2O_5 120kg/hm^2，夏玉米季施用 K_2O 100kg/hm^2、$ZnSO_4$ 15kg/hm^2，秸秆还田，优化灌溉（75mm）。

控释肥（CRF，controlled release fertilizer）：一年两季，冬小麦-夏玉米。秸秆全部还田，小麦秸秆高茬覆盖还田，免耕直播夏玉米。玉米秸秆粉碎还田，免耕直播冬小麦。平衡施肥（控释尿素一次基施），优化灌溉（75mm）。

常规尿素处理（CU，convention urea）：尿素常规施肥量 N 300kg/hm^2，K_2O 100kg/hm^2，$ZnSO_4$15kg/hm^2，氮肥基肥 1 次，追肥 1 次，基追比 1∶1；夏玉米、冬小麦免耕直播，优化灌溉（75mm），灌溉次数依墒情而定。

试验三：在济南市章丘区枣园镇庆元村进行，试验点地势平坦，处于暖温带半湿润大陆性季风气候区，多年平均气温 12.8℃，多年平均降水量 600.8mm，年平均日照时数 2647.6h，无霜期 192d。小型气象站数据统计显示，试验期内，平均气温 25.8℃，平均地温 25.5℃，降水 18 次，降水总量 419.9mm。土壤为褐土，质地为轻壤土，0～20cm 表土有机质为 16.5g/kg，速效磷 7.9mg/kg，速效钾 116.0mg/kg，硝态氮 1.4mg/kg，铵态氮 2.4mg/kg，pH 值 8.2。

前茬作物为冬小麦，收获后秸秆全还田，试验设 4 个处理，分别为：

① 农民习惯（FP）：出苗后，全部磷钾肥和 40%氮肥在苗一侧条施（6～8cm），60%氮肥在大喇叭口至抽雄期撒施，氮肥为尿素。

② 氮肥条施（ND）：出苗后，全部磷钾肥和 40%氮肥在苗一侧条施（6～8cm），60%氮肥在大喇叭口至抽雄期条施（6～8cm），氮肥为尿素。

③ 缓控释氮肥（CRF）：出苗后，氮磷钾肥在苗一侧，一次性条施（6～8cm），氮肥为缓控释氮肥。

④ 分层条施（LD）：出苗后，氮磷钾肥在苗一侧，一次性条施，其中 6～8cm 处施 30%氮肥及全部磷钾肥，20cm 处施 70%氮肥，氮肥为尿素。

各处理施肥量相等，N、P_2O_5、K_2O 分别为 240kg/hm^2、90kg/hm^2 和 120kg/hm^2，磷肥为重过磷酸钙 [$w(P_2O_5)=44\%$]，钾肥为氯化钾

[$w(K_2O)=60\%$]，尿素含氮量为46%，缓控释氮肥由山东省农业科学院农业资源与环境研究所提供，含氮量为44%。试验采取3次重复，小区面积为$51m^2$，试验地四周设置2m宽保护行。行距0.85m，株距20cm，玉米品种为先玉335，于2013年6月24日播种，第1次苗肥于2013年7月1日施入，第2次大喇叭口-抽雄期追肥于2013年7月29日施入。试验期间进行2次灌溉，分别于2013年7月2日和8月25日，每次灌溉量为$750m^3/hm^2$，灌溉方式为漫灌，2013年9月30日收获。

2. 样品采集与分析

具体方法详见本章第一节样品采集与分析相关内容。

3. 数据处理

所得数据使用Microsoft Excel进行处理和作图，采用SAS软件进行数据分析和回归分析。

二、结果与分析

1. 粮田 N_2O 排放量

研究发现，与SN相比，秸秆还田的SR和SRC处理下N_2O的排放量分别增加48.6%和15.3%，尤其是前者，达到显著性差异（见图5-17），表明秸秆还田对N_2O的排放具有促进作用，与赵建波和裴淑玮的研究结果一致。这可能与秸秆还田可以改变土壤的性质、刺激微生物活性、促进微生物反硝化作用从而促进N_2O的排放有关。而SRR可降低N_2O排放，但无显著性差异。可见，通过施用新型肥料或采用氮肥条施的施肥方式，可以抵消部分由于秸秆还田引起的N_2O排放。

从图5-18可以看出，CRF处理有多个排放脉冲，主要是由于施用控释尿素，且仅作为基肥在夏玉米和冬小麦的播种期施用，由于控释尿素具有缓释、控释的特点，使得其氮素的排放特征并不像普通尿素在施肥后的1周甚至更短的时间内迅速水解、硝化或损失，这也是该处理N_2O呈现出不同排放特点的重要原因；CU处理中夏玉米和玉米季主要有两个排放脉冲，主要是由于施肥和灌溉引起的；在CK处理中，由于没有施用氮肥，N_2O排放一直维持较低水平。

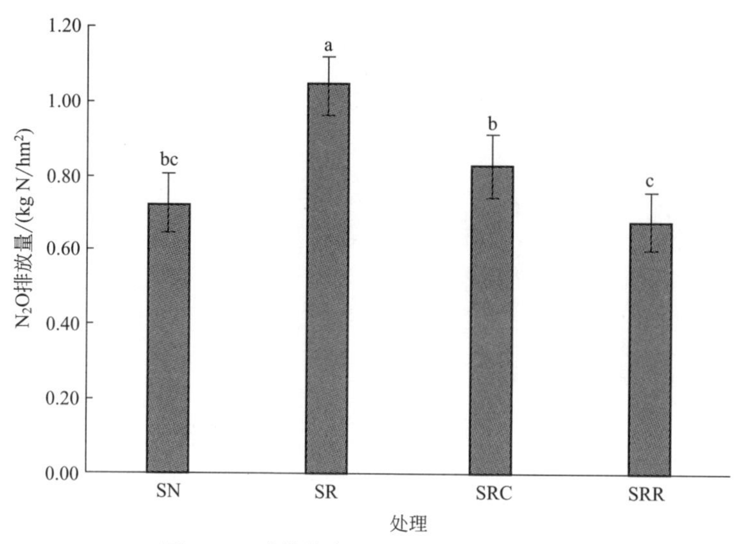

图 5-17　减排技术对 N_2O 排放量的影响

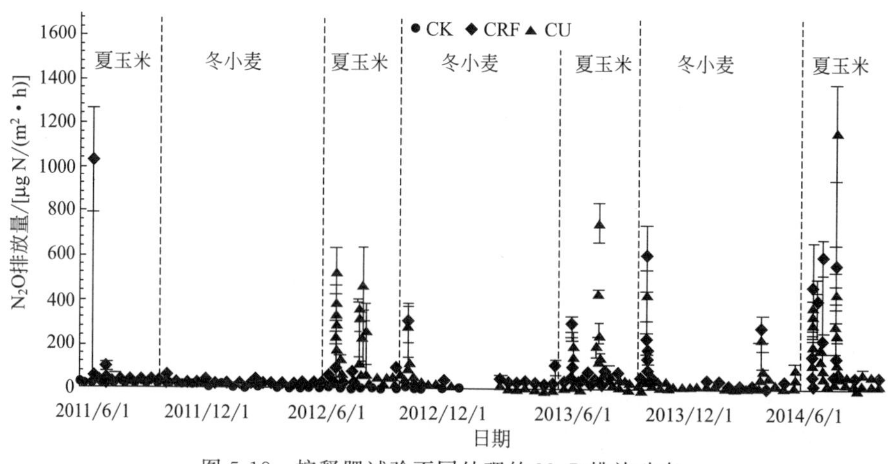

图 5-18　控释肥试验不同处理的 N_2O 排放动态

从图 5-19 中可以看出，在每个年份 CU 处理的 N_2O 年排放量要高于其他处理，但年际间没有显著性差异；CK 处理由于不施氮肥，排放量最小，年际间变化不大（1kg N/hm^2 左右）；CRF 处理年份间变化比较大，是因为每年的施氮量不一样，随着施氮量的增加，N_2O 年排放量随之增加，排放系数也随着施氮量的增加而增加。

施肥方式和氮肥类型，会影响农田 N_2O 的排放（见图 5-20）。FP 处理下玉米农田的 N_2O-N 累积排放量最高，为 1.59kg/hm^2，其他三种管理措施会显著减少 N_2O 排放量，较 FP 处理降低了 12.6%～18.9%。其中，CRF 和 LD 处理

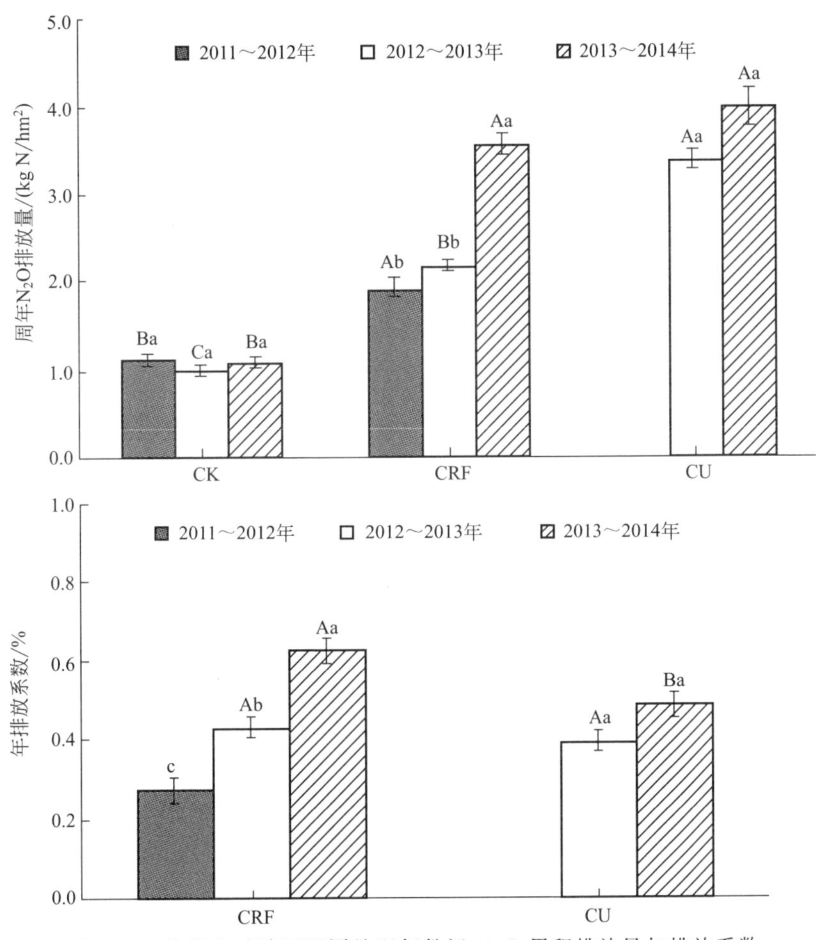

图 5-19　控释肥试验区不同处理年份间 N_2O 累积排放量与排放系数

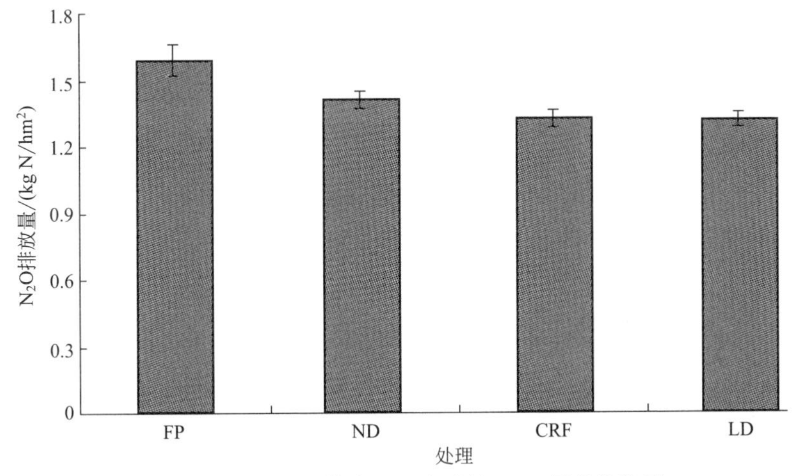

图 5-20　不同减排技术下玉米季的 N_2O 累积排放量

下 N_2O 的减排效果相当且最佳，较 ND 减排了 6.5%，并达到显著性差异。

2. 粮田生态系统 CO_2 总呼吸

从图 5-21 中可以看出，秸秆还田能够显著增加 CO_2 的排放，SR、SRC 和 SRR 三个秸秆还田处理下的 CO_2 平均排放总量比秸秆不还田的 SN 处理增加了近 9%。一方面可能是秸秆还田增加了土壤中 C、N 的含量促进了土壤微生物及作物的活性，另一方面，秸秆本身 C 的分解也可能有一定贡献。

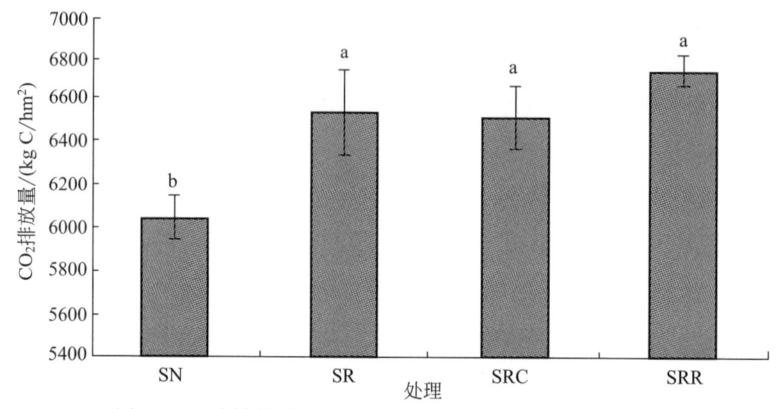

图 5-21 减排技术对小麦生态系统 CO_2 总呼吸的影响

FP 处理下玉米农田生态系统总呼吸 CO_2 的排放量最小，ND、CRF 和 LD 较 FP 分别增加 2.9%、2.0%和 5.1%，仅 FP 与 LD 达显著性差异，其他处理间无明显差异。各处理下 CO_2 的排放量如图 5-22 所示。

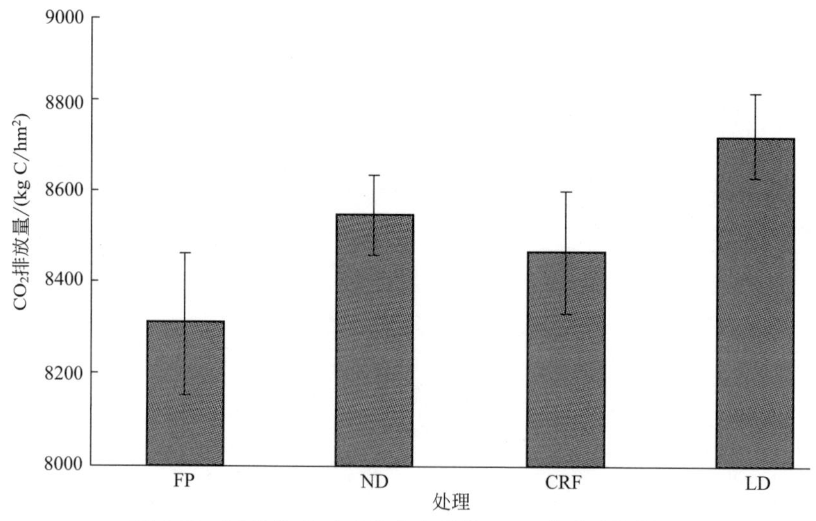

图 5-22 减排技术对玉米生态系统 CO_2 总呼吸的影响

3. 粮田 CH_4 排放量

小麦季农田表现为 CH_4 的汇（见图 5-23），每公顷土壤可以吸收 0.37～0.62kg C。秸秆还田提高了土壤对大气中 CH_4 的吸收，尤其是 SRC 处理，较 SN 增加 0.25kg C/hm^2。这与田慎重和裴淑玮的研究结果相反，秸秆还田在旱地农田上的研究较少，这可能与秸秆还田量、还田方式及氮肥施用量不同相关，还有待进一步探讨。

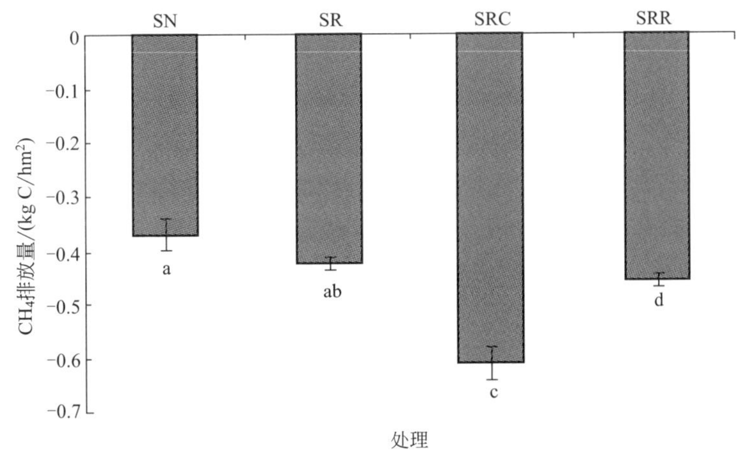

图 5-23 减排技术对小麦田 CH_4 排放量的影响

玉米季农田表现为 CH_4 的汇（见图 5-24），每公顷土壤可吸收 0.26～0.39kg C。三种管理措施下土壤对大气中 CH_4 的吸收量较 FP 均显著增加，尤其是 LD 处理，增加了 46.4%，ND 和 CRF 分别增加 23.5%和 26.5%。

4. 减排技术对小麦/玉米产量和效益的影响

从表 5-21 可以看出，四种处理下小麦产量介于 7321.0～7988.3kg/hm^2。与 SN 相比，秸秆还田的 SR 措施下小麦增产 2.9%，但未达显著性差异。造成这种情况的原因可能与化肥的施用方式有关，尽管秸秆还田能够促进土壤养分周转，改善土壤生态环境，有利于作物生长，但化肥撒施却增加了氮素的损失，肥料利用率降低，从而使增产效果不明显。在秸秆还田基础上，施用新型肥料或改变施肥方式能够显著增加小麦产量，SRC 和 SRR 分别较 SN 小麦增产 7.8%和 9.1%，均达到显著性差异。这与两种措施的应用一定程度上减少了氮素损失并提高了肥料利用率，从而促进小麦生长发育有关。

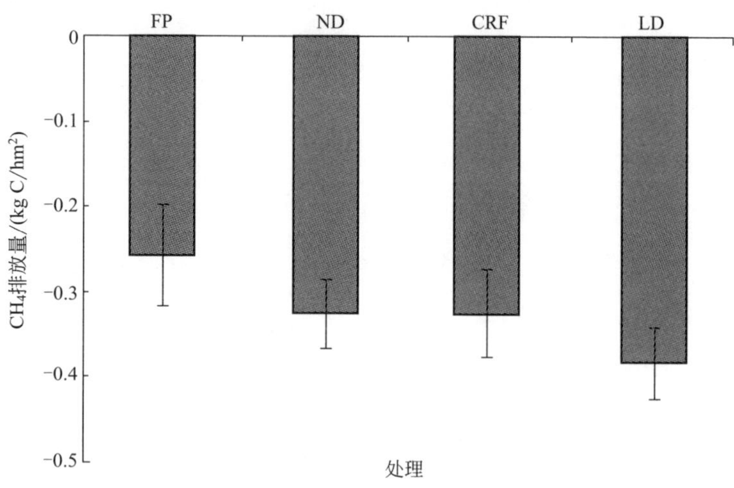

图 5-24 减排技术对玉米田 CH_4 排放量的影响

从经济效益来看，四种处理的相对净收入顺序为：SRR＞SRC＞SR＞SN。SN 较其他处理每公顷约减少 1300～2500 元，一方面主要因其产量最少，从而产值小；另一方面由于需要人工清除秸秆，劳动力投入成本大大增加。秸秆还田条件下，氮肥条施可以获得最高收益，与 SR 相比，SRR 处理下相对净收入显著增加 6.8%。尽管控释氮肥的价格较高，但一次性施用，降低了 SRC 处理的劳动力投入成本，相对净收入仅次于 SRR 处理。

表 5-21 不同处理对小麦产量及经济效益的影响

处理	产量/(kg/hm²)	产值/(元/hm²)	氮肥成本/(元/hm²)	劳动力投入/(元/hm²)	相对净收入/(元/hm²)
SN	7321.0c	18302.5c	867.4	1950	15485.1c
SR	7533.7bc	18834.3bc	867.4	1200	16766.9b
SRC	7891.8ab	19729.6ab	1288.6	750	17690.9ab
SRR	7988.3a	19970.8a	867.4	1200	17903.4a

注：小麦 2.5 元/kg，普通尿素 1.9 元/kg，控释尿素 2.7 元/kg，劳动力投入仅包括人工秸秆清除（1500 元/hm^2）、秸秆还田机械（750 元/hm^2）和追肥（450 元/hm^2）。由于各处理投入的种子、灌水、农药、收获等管理措施相同，相对净收入仅是籽粒产出效益减去肥料成本及劳动力投入。

从图 5-25 可以看出，在每个年份中，CK 处理由于不是氮肥，所以作物产量显著低于其他处理，CRF 和 CU 两个处理在相同年份中比较，CRF 的年产量没有降低，反而比 CU 处理还要高一点，但差异不显著，可以表明，平衡施肥前提下使用控释肥可以大幅度降低施氮量，大大提高氮素利用率。

与 CU 处理相比，CRF 有效降低了施氮量和 N_2O 的累积排放量；华北平原农田土壤是大气 CH_4 的弱汇，氮肥增加或减少对 CH_4 的吸收无显著影响。

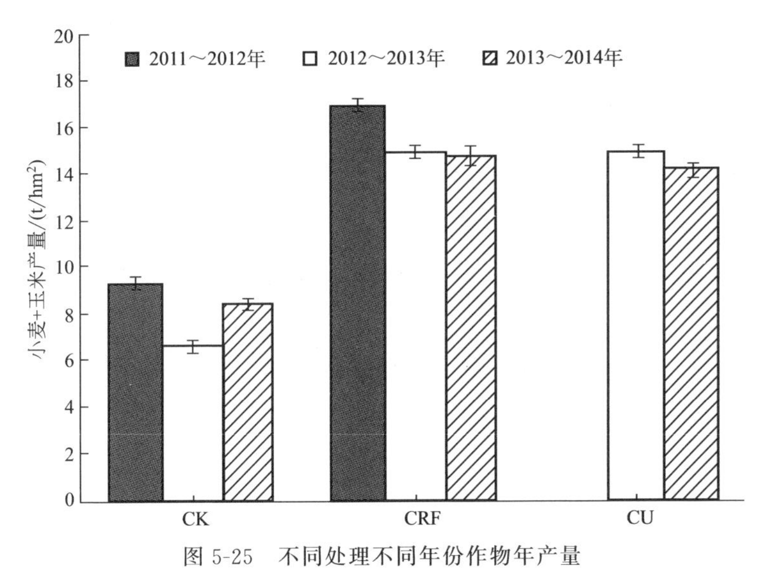

图 5-25　不同处理不同年份作物年产量

在研究期间作物总产量，CRF 与 CU 处理相比，作物产量并没有显著性的变化。综上，在冬小麦-夏玉米轮作模式前提下，通过管理措施的优化能够较常规管理措施在维持粮食产量同时，降低环境代价。

5. 粮田土壤无机氮

从图 5-26 可以看出，小麦收获后，各处理下 1m 剖面土壤无机氮含量相差不大，为 194.0～213.5kg/hm^2，其中 SN、条施 SRR 处理最少，后者较前者减少无机氮近 20kg/hm^2 积累。

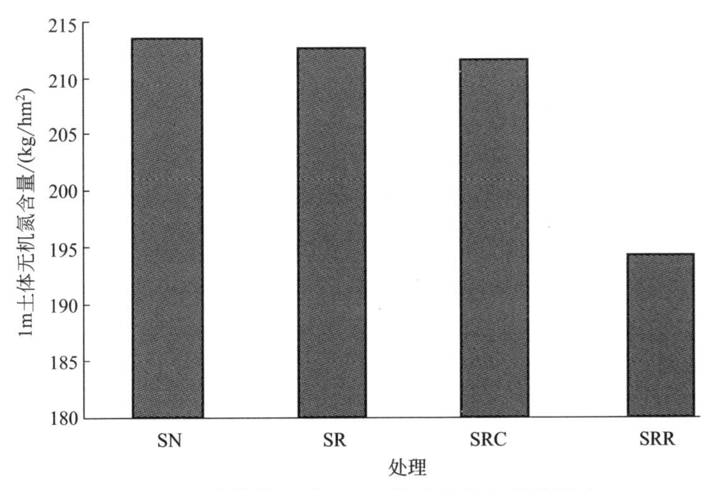

图 5-26　减排技术对 1m 土壤无机氮含量的影响

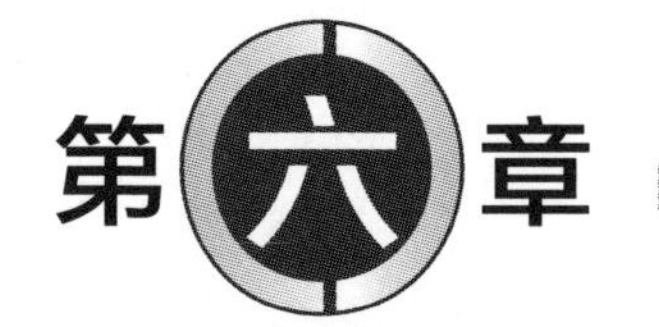

典型农田温室气体减排技术及应用

山东省是农业大省，2016 年蔬菜、小麦和玉米播种面积分别为 186.87 万公顷、383.03 万公顷和 320.70 万公顷。本章针对典型农田农业生产实际特点与瓶颈问题，提出保障作物产量基础上的温室气体减排控制技术模式，并对每项技术模式减排效应进行分析，为山东省减排目标的实现和农业可持续发展提供技术支持。

第一节 设施蔬菜“堆肥增碳控氮”减排技术

一、背景

设施蔬菜的发展不仅极大地满足了人民生活水平提高的需要，而且已成为改造传统农业走向现代农业的重要手段。20 世纪 90 年代中期以来，我国设施蔬菜面积一直稳居世界第一，目前约占世界的 90%。设施蔬菜尤其是节能日光温室的快速发展，反季节、超时令蔬菜数量充足，品种丰富，蔬菜周年均衡供应水平大大提高。据统计，2008 年全国设施蔬菜总产值 4100 多亿元，占蔬菜总产值的 51%，对农民人均纯收入贡献 370 元左右。山东寿光有的村镇，农民人均设施蔬菜收入高达 15000 元以上。由此可见，设施蔬菜的生产与供应，不仅在人们的生活中占重要地位，而且在农村产业结构调整、增加农民收入、脱贫致富，乃至实现农业产业化、发展农村经济等方面都有重要意义。

设施栽培依靠人工创造、调节及控制环境以满足作物生长发育需要，是一种受人为作用十分强烈的土地利用方式。由于种植习惯、技术限制和市场等原因，长期以来，许多地区设施蔬菜生产中“片面追求高产”的理念仍广泛存在，不合理的生产管理使得设施菜地土壤可持续生产能力不断降低，对土壤环境质量与设施蔬菜产业可持续发展构成巨大威胁。主要表现在：

① 土壤环境质量日趋恶化。农用化学品的过量投入不但使得养分在土壤中大量累积，土壤农药与重金属污染加剧，土壤退化严重，高新昊等研究表明，随着种植年限的增加，土壤 pH 值明显下降，土壤 EC 值和盐分含量显著升高，土壤 C/N 比下降。而全国范围内菜区土壤有机质含量普遍较低，仅有 10%的菜田达到沃菜田标准。而菜田中细菌、放线菌数量随种植年限呈下降趋势。李树辉等研究显示，设施菜地 0～20cm 土层中，Cd、Cu 和 Zn 随种植年限的增加，分别以 0.027mg/kg、1.153mg/kg 和 2.83mg/kg 的速度积累。

② 肥料不合理投入现象明显。据相关调查，2007 年山东寿光设施蔬菜生产中，氮磷钾肥投入量高达 2427.3kg/hm^2、2022.3kg/hm^2、2033.2kg/hm^2，其中有机肥带入 1272.3kg/hm^2、1375.6kg/hm^2、1084.5kg/hm^2，氮磷钾肥投入量超出科学施肥量的 2 倍。大量养分在土壤中累积，并向土壤深层迁移。李俊良等研究发现，番茄收获后 0～200cm 土层土壤中 NO_3^--N 含量随土壤深度增加而递增，硝酸盐淋洗状况相当严重。山东寿光地下水中硝态氮含量高达 39.96mg/L，严重超出了世界卫生组织及我国饮用水中硝态氮含量 10mg/L 的水质标准。设施系统中未被吸收利用的氮素除了造成水体污染外，一部分以 N_2O 和 NO 等形式进入大气，产生温室效应。研究表明，设施栽培土壤 N_2O 释放通量比露地蔬菜栽培土壤高 1.41 倍，高出粮田十几至几十倍。由于过量使用化肥、不合理使用农药和重茬连作，导致土壤和环境污染，病虫害不断加重，广大菜农为维持生产，不得不进一步大量使用农药和化肥，使得蔬菜产品内在质量与生产环境污染加重，硝酸盐和亚硝酸盐含量增高，对消费者的身体健康构成严重威胁。周泽义等对我国 13 个大中城市蔬菜中硝酸盐的卫生质量进行评价，发现根茎和叶菜类蔬菜的硝酸盐污染最为严重，处于重度污染（1440mg/kg）和严重污染（3100mg/kg）程度的样品占所调查城市的 73.3%，硝酸盐累积量最高可达 8921mg/kg。因此，在保证农产品和环境安全的前提下做到培肥土壤，合理有效地施用氮肥，促进设施蔬菜优质生产和可持续发展是当前我国设施蔬菜发展过程中亟待解决的问题。

二、已突破的关键技术

1. 设施菜地施用堆肥增碳

设施土壤增碳包括秸秆堆肥还田和施用腐熟有机物料两部分：

① 秸秆堆肥：选用玉米或其他碳氮比较高的秸秆，按 7.5t/hm^2 的量将风干秸秆用机械粉碎，也可用铡草机或铡刀切成 3～4cm 长，均匀加入 1.5t 清水、1kg 秸秆腐熟剂和 5kg 尿素，混匀后堆置 24h 以上。

② 腐熟有机肥料 7.5～15t/hm^2。结合整地，将两者均匀撒施到土壤表层后翻耕。

2. 设施蔬菜减量施氮

在施用堆肥的基础上，综合考虑作物需氮量及灌溉水带入氮量，通过土壤养分的实时监测，严格控制氮肥用量。一般每公顷施纯氮 450～750kg，结合滴灌时，番茄、黄瓜氮肥用量控制在 450～525kg/hm^2；常规灌溉时，氮肥用量控制在 600～750kg/hm^2。

3. 取得的经济效益、社会效益和生态效益

与农民常规技术相比，设施蔬菜“堆肥增碳控氮”技术模式(见表 6-1 和表 6-2)：

① 节本，氮肥减施 30%以上，肥料投入成本每公顷节约 900 元。

② 培肥，土壤物种丰富度和酶活性显著增加，土壤碳氮比提高 5%，土壤容重降低 10%。

③ 稳产，在减少氮肥投入的基础上，番茄产量基本与农民常规平产。

④ 增收，平均较农民常规技术每公顷年均增收 2500 元。

⑤ 增效，设施番茄生产中，技术模式下 N_2O 平均减排 28.5%，氮肥年均利用率提高近 1 倍。该技术具有良好的经济效益、社会效益和生态效益。

表 6-1 技术模式对黄瓜氮肥投入和土壤质量的影响

处理	丰富度指数	优势度指数	脲酶/(mg/g DW)	蔗糖酶/(mg/g DW)	土壤密度/(g/cm^3)	碳氮比值
农民常规	2.34b	0.936b	0.27b	1.86b	1.08a	7.8a
技术模式	3.16a	0.952a	0.38a	3.02a	0.97b	8.2a

表 6-2 技术模式对设施番茄产量和温室气体排放的影响

处理	N_2O 排放量/[kg N/(hm^2·a)]	CH_4 吸收量/[kg CO_2/(hm^2·a)]	年均产量/(t/hm^2)	年均收益/(万元/hm^2)	氮肥年均利用率/%
农民习惯	15.22	−103.14	171.0	57.1	7.90

续表

处理	N_2O 排放量 /[kg N/(hm^2·a)]	CH_4 吸收量 /[kg CO_2 /(hm^2·a)]	年均产量 /(t/hm^2)	年均收益 /(万元/hm^2)	氮肥年均利用率 /%
技术模式(畦灌)	10.29	−106.40	170.9	57.4	14.15
技术模式(滴灌)	11.47	−122.49	170.1	57.3	14.65

4. 成果展示

设施蔬菜农田温室减排技术成果展示如图 6-1 所示。

(a) 秸秆还田　(b) 腐熟有机肥(牛粪)　(c) 农民常规(黄瓜)　(d) 技术模式(黄瓜)　(e) 农民常规(番茄)　(f) 技术模式(番茄)

图 6-1　设施蔬菜农田温室减排技术成果展示

第二节 大葱-小麦“增、还、减、合”固碳减排技术

一、应对制约农业产业发展的瓶颈问题

大葱-小麦轮作栽培早期只是作为大葱轮作换茬在很小的范围内栽培，比如在大葱的传统产区山东章丘，常年有10万亩（1亩=666.7m^2）左右的栽培面积。随着种植业结构的调整，菜粮轮作面积逐年增加，大葱-小麦轮作模式已经在河北鹿泉、山东德州、山东临沂等地大面积栽培。以素有“中国大葱之乡”的山东章丘为例，大葱总种植面积达15万亩，大葱-小麦轮作占总种植面积的70%左右。黄淮海区域具有水浇条件的平原地区均适宜大葱-小麦轮作栽培。

大葱-小麦轮作种植模式具有显著的生产优势：

① 不同根系深度搭配种植，充分利用土壤养分。该种植模式通过浅根系的大葱和深根系的小麦轮作，充分利用土层中积累的养分；同时，该模式有效解决了大葱连作障碍，保证了粮食的供应，具有显著的经济效益和社会效益。

② 间作共生，节约时间。大葱-小麦轮作周期从头年的10月中下旬小麦播种开始，到第二年的6月上旬小麦收获；大葱于6月下旬～7月上旬定植，11月中下旬收获，其间有30d左右共生期，10～20d休闲期。

③ 增收增效，保证收益。一般小麦产量在6000～8250kg/hm^2，大葱产量在45000～75000kg/hm^2，两茬亩收入可达7000元左右。

目前在大葱-小麦轮作种植生产中还存在诸多问题：

① 有机肥施用不当。调查表明，大葱生产中有机肥的施用与否和用量由当地的畜禽养殖废弃物的供应量来决定，如果距离养殖场较近，大葱定植前一般使用2～5方未腐熟的畜禽粪便；距离养殖场较远，则不使用有机肥。然而，施用未腐熟的畜禽粪便容易引起烧苗、作物病虫害加重等问题。

② 秸秆利用不合理。为防止秸秆还田质量不高造成土壤架空，影响大葱定植，农民习惯栽培中小麦秸秆不还田或还田量较少，不利于土壤固碳和有机质累积等（潘剑玲等，2013）。

③ 施肥过量。为了获取高产，大葱生产中盲目施肥现象较为严重，肥料投入标准以化肥袋数计算，导致肥料投入量过高，尤其是氮肥。据调查，章丘

大葱生产中氮肥用量高达600kg N/hm^2，而养分带走的氮素仅为107～180kg/hm^2，远低于施肥量。过量施氮不仅会影响大葱产量和品质，而且盈余的氮素在当地高灌溉管理措施下极易损失，对土壤、大气和水环境均产生不良影响。

④ 肥料运筹不合理。在两季作物的肥料运筹中，因为效益问题，生产者往往重视大葱季的管理，通常在小麦播种前结合大葱季最后一次追肥，一次性施入大量肥料，小麦后期不再追肥；而且在大葱季，也多采取“前重后轻”的施肥方式，都影响了产量提高和环境安全。

通过项目的实施，针对大葱-小麦轮作栽培模式生产中存在的问题，形成了“增、还、减、合”固碳减排技术模式，为我国耕地土壤有机质提升，农业温室气体的减排和农业的可持续发展提供技术支撑。

二、已突破的关键技术

1.“增”

在大葱季“增”施腐熟有机肥或商品有机肥，以改善土壤理化性状，提高土壤肥力。大葱定植前，结合耕地增施充分腐熟的鸡粪30000kg/hm^2或商品有机肥3000kg/hm^2。

2.“还”

小麦季秸秆粉碎后全部还田，使小麦秸秆资源化和肥料化，从源头上阻止了秸秆焚烧，保证资源的循环利用和避免秸秆焚烧造成的经济损失、环境破坏，还能增加土壤有机质、改善土壤团粒结构和提高氮肥利用率。在麦收过程中，用收割机将麦秆打碎，实现小麦秸秆就地粉碎还田。小麦秸秆在收获后应及时进行土壤翻耕，防止秸秆暴露在地表被晒干，促进秸秆快速分解。

3.“减”

肥料减量合理施用，周年氮肥投入量由600kg/hm^2减为400kg/hm^2，磷肥用量由300kg/hm^2减为180kg/hm^2，钾肥用量由225kg/hm^2增加为300kg/hm^2。

4.“合”

化肥用量两季作物“合”理分配。

① 氮肥：大葱季占65%，其中，前者基施占8%，在8月上旬、8月下旬、9月中上旬和10月上旬进行4次追肥，分别约占8%、13%、36%和34%。小麦季占35%，基追比（3～5）∶（7～5）。

② 磷肥：大葱季占55%，基肥占50%～60%，第一次追肥时施入40%～50%。小麦季占45%，基肥一次施用。

③ 钾肥：大葱季占75%，一次基肥4次追肥，每次用量约20%。小麦季占25%，基追比1∶1。关键时期操作注意事项见表6-3。

表6-3　大葱-小麦轮作技术规程

时间	生育期	主攻目标	技术指标
5月下旬～7月上旬	移栽定植期	整地起葱沟，提高整地质量和定植葱苗质量，确保苗齐、苗壮	精细整地，葱沟肥料施用均匀，垄背拍碎踏实；分拣葱苗，保证苗匀；采用水插方式，按标准株距定植
7月上旬～8月上旬	缓苗越夏期	促葱苗新根发育，确保苗全	保证大葱定植的成活率，大葱密度为27万～31.5万株/hm^2
8月上旬～8月下旬	葱白盛长初期	促新叶生长	有机、无机相结合供给植株营养；浅培土防止葱苗倒伏
8月下旬～9月上旬	管状叶盛长期	促管状叶旺盛生长	供应适量速效养分，中耕破垄平沟
9月上旬～10月上旬	葱白生长盛期	促葱白旺盛生长	供应大量速效养分（N），中耕培土
10月上旬～11月上旬	小麦播种	加快大葱叶内同化物质向葱白运储；小麦播种	大葱培土及水分管理；冬小麦播种均匀
11月上旬～11月中旬	大葱收获	大葱适时收获；小麦浇冬水	亩基本苗15万～20万株，冬前总茎数40万～50万株
3～4月	小麦返青-拔节	控蘖壮株、防病虫草	最大亩总茎数60万～90万株
6月中	小麦收获	适时收获	亩穗数37万～42万株，每穗粒数32～36个，千粒重40～46g

三、取得的经济效益、社会效益和生态效益

从表6-4可以看出，通过3年的定位监测，与农民常规技术相比，大葱-小麦“增、还、减、合”技术模式：

① 节本，氮肥减施33%，磷肥减施40%，总节肥22%，肥料投入成本每

公顷节约 1120 元。

② 增产，大葱季平均增产 7800kg/hm^2，小麦季平均增产 280kg/hm^2 左右，两季平均增产率达 13%。

③ 增收，农民常规技术每公顷年均收益 6.8 万元，技术模式 7.9 万元，年均增收 16%。

④ 增效，技术模式下 N_2O 减排 24.4%、0～20cm 土层固定了 2.26t C/hm^2、总氮淋失率降低 19.4%。

该技术具有良好的经济效益、社会效益和生态效益。

表 6-4　技术模式对大葱-小麦轮作农田经济、生态和社会效益的影响

处理	肥料成本/(元/hm^2)	大葱平均产量/(kg/hm^2)	小麦平均产量/(kg/hm^2)	年均收益/(万元/hm^2)	N_2O 排放量/[kg N/(hm^2·a)]	总氮淋失量/(kg/hm^2)
农民常规	6924.7	57465.5	5619.5	6.8	4.5	31.9
技术模式	5806.2	65278.5	5896.5	7.9	3.4	25.7

四、成果展示

(a) 农民常规(葱白盛长初期)

(b) 技术模式(葱白盛长初期)

(c) 农民常规(葱白盛长期)

(d) 技术模式(葱白盛长期)

图 6-2

(e) 农民常规

(f) 技术模式

图 6-2 菜粮轮作农田温室减排技术成果展示

第三节 冬小麦-夏玉米“一次性施肥”减排技术

一、应对制约农业产业发展的瓶颈问题

华北平原是我国粮食主产区，以冬小麦-夏玉米轮作为主要种植模式，其总产量约为全国总产量的40%和28%。然而，为了追求高产，过量施肥情况严重，尤其是氮肥。调查表明，该区轮作周年氮肥用量超过500kg N/hm^2，而平均产量在11.5t/hm^2左右，远远超过冬小麦-夏玉米平均产量的需氮量。一方面，氮肥利用率低，小麦和玉米的平均氮肥回收利用率仅分别为18%和16%，远低于我国平均水平，带来了极大的资源压力，还面临着增肥不增产的窘境；另一方面，对环境产生诸多负面效应，如水体富营养化、地下水污染、温室气体排放量增加等。另据施肥调查，当前粮食生产常用的氮肥品种多为尿素、磷酸二铵、复合肥等，肥效期短，为满足作物整个生育期对养分的需求，必须通过分次追肥。然而，随着农村城镇化的迅速推进，劳动力不断向外转移，加之粮食价格不高，生产中不追肥或追肥方法不合理的现象普遍存在，肥料利用率依旧偏低，不但影响了粮食产量的稳定和提高，也加剧了环境污染。因此，针对劳动力短缺与施肥习惯的矛盾，急需肥料投入和劳动力投入“双节约”以及环境友好的粮食生产技术模式，以促进粮食产量、农民收益、生态安全的和谐增长。

二、已突破的关键技术

1. 小麦肥水管理技术

全量玉米秸秆还田，控制氮肥施用。小麦推荐施用氮肥（N）180～225kg/hm^2，其中商品有机肥提供30～60kg/hm^2，化肥（缓控释氮肥）提供120～195kg/hm^2，磷肥（P_2O_5）90～120kg/hm^2、钾肥（K_2O）75～105kg/hm^2。肥料一次性施入，旋耕后播种，按亩基本苗225万～300万/hm^{2}确定播量，适宜播期后播种，每推迟1天增加播量7.5kg/hm^2。气温下降至0～3℃，夜冻昼消时灌越冬水，保苗安全越冬。生育后期选用适宜杀虫剂、杀菌剂和磷酸二氢钾，现配现用，机械喷防，防病、防虫、防早衰（干热风）。籽粒蜡熟末期采用联合收割机及时收获。

2. 玉米肥水管理技术

在黄淮海地区为保证夏玉米的高产高效，主要采用种肥同播机条播技术模式，选用熟期适宜的品种，抢时早播，提高播种质量，因地制宜，适当增加种植密度，紧凑型玉米品种每公顷留苗75000株左右，紧凑大穗型品种留苗60000株左右。在前茬冬小麦施足有机肥的前提下，夏玉米一次性施控释氮肥（N）240～270kg/hm^2、磷肥（P_2O_5）90～120kg/hm^2、钾肥（K_2O）105～135kg/hm^2，采用沟施，施肥深度和距离种子为6～8cm，防止烧苗现象发生。根据夏玉米的需水规律及土壤墒情，要充分保障夏玉米各生育时期的水分供应，尤其是要保障大喇叭口至灌浆期不受旱。根据籽粒灌浆进程及籽粒乳线进度，在条件允许的情况下尽量晚收。

三、取得的经济效益、社会效益和生态效益

通过4年的系统监测，与当地农民常规种植模式相比，“一次性施肥”技术可以减少氮肥用量14%～25%，两季每公顷增产450多千克（见图6-3），年均每公顷增收1500元，肥料利用率提高30%以上，省工30～45个，N_2O年排放量降低30%左右（见图6-4）。

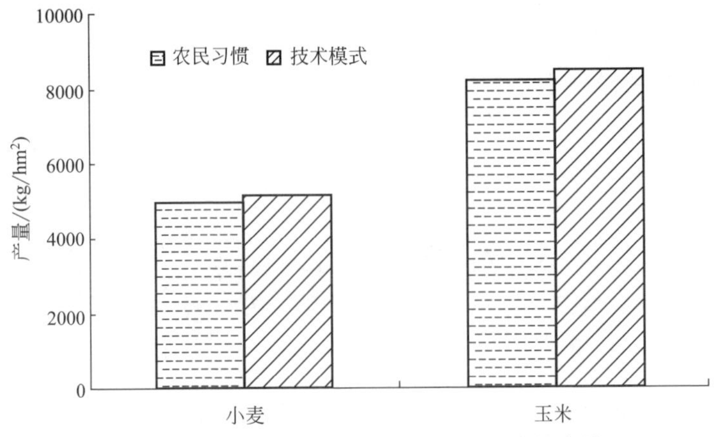

图 6-3　农民常规与技术模式下小麦/玉米的产量

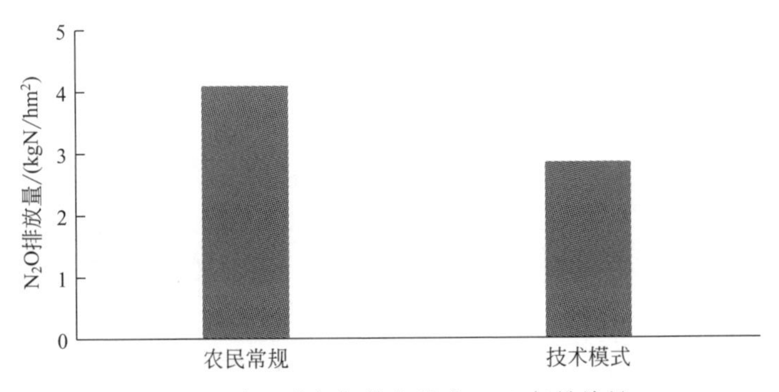

图 6-4　农民常规与技术模式 N_2O 年排放量

四、成果展示

粮田温室气体减排技术成果展示如图 6-5 所示。

(a) 小麦基肥(农民常规)

(b) 小麦一次性施肥

(c) 玉米追肥(农民常规)

(d) 玉米种肥同播

图 6-5　粮田温室气体减排技术成果展示

第七章 典型农田温室气体减排潜力评估

全球变暖现已成为世界关注的重要环境问题，而温室气体（GHG）的增加是造成全球变暖的重要原因。其中，CO_2、N_2O 和 CH_4 是被人们所熟知的重要的温室气体。农业源温室气体的排放在全球温室气体排放中占有重要地位，约占全球温室气体排放的 14%，而 N_2O 和 CH_4 的排放在农业中占有很大的比例，其中旱作农田主要为 N_2O 排放，而 N_2O 的增温潜势约为 CO_2 的 298 倍，对大气温室效应有极大的加剧作用。农田 N_2O 的产生，主要是土壤中硝化作用和反硝化作用的结果，而氮肥的施用可以明显提高土壤硝化和反硝化作用，因而农田施用氮肥是农业温室气体 N_2O 排放的重要促进因素。

中国作为一个农业大国，到 2013 年，化肥总施用量为 5912×10^4t（折纯），已成为世界上最大的化肥消费国；山东省作为我国的农业大省，2013 年化肥总施用量为 472.6×10^4t（折纯），占我国化肥施用总量的 8%左右；化肥的投入引起的温室气体排放是农业总排放的 60%，其中氮肥可占 95%。由此可知，农田化肥的科学合理施用，尤其是减少农田氮肥的过量施用，是减少农业温室气体排放和改善生态环境的重要措施。

农田化肥科学合理施用不但可以增加农作物的产量，而且能明显减少温室气体的排放，特别是通过氮肥施用量的合理化减少农田 N_2O 的排放，并且还可以促进土壤中有机碳的积累，增加土壤固碳，扩大土壤碳量。近年来，诸多研究人员对施肥与农田固碳减排的关系及固碳减排计量方法进行了研究，但大多集中在施肥对农作物产量、土壤温室气体排放及土壤理化特性等单方面的机理研究，而包括施肥、碳氮管理等综合措施对大尺度范围里的固碳减排研究还很少。

本研究以山东省科技发展项目“山东省农田温室气体排放评估与减排技术

研究”课题形成的综合减排技术为例，参考2006年政府间气候变化专门委员会编制的国家温室气体清单指南中提供的土壤固碳计量方法和N_2O排放计量方法，从氮肥施用、土壤碳固定、产量改变3个方面综合分析和估算农田综合技术措施应用的减排潜力，为农田综合技术应用固碳减排计量方法学的完善提供参考和借鉴。

一、减排量计算方法

减排技术和常规施肥中施肥情况的差异，引起农田氮肥施用量、土壤碳储量及农作物产量等关键排放源温室气体排放量的不同。采用IPCC2006中公布的“管理土壤中的N_2O排放和石灰与尿素使用过程中的CO_2排放”中的方法，估算因氮肥施用量改变而减少的N_2O排放量及因农作物产量改变而间接减少的N_2O排放量；通过田间试验示范中土壤有机质含量，计算土壤碳储量的改变，进而计算土壤的碳固定量。

1. 氮肥施用量改变产生的土壤N_2O减排量估算

农民习惯/技术应用情景下氮肥施用引起的N_2O排放：旱作农田中，N_2O是土壤排放的主要温室气体，且氮肥施用是土壤N_2O排放的重要影响因素。依据IPCC2006，结合项目区基本情况，参考“管理土壤中的N_2O排放和石灰与尿素使用过程中的CO_2排放”中的方法，采用以下公式估算农民习惯和技术应用下氮肥施用引起的土壤N_2O排放量。

$$EN_B = F_{N1} \times EF \tag{7-1}$$

式中　EN_B——农民习惯农田土壤N_2O的排放量（用氮表示），kg/(hm^2·a)；

F_{N1}——农民习惯农田施用氮肥量（折纯），kg/(hm^2·a)；

EF——N_2O排放因子，依据IPCC2006取值为0.01kg/hm^2，课题组实验结果表明，各施肥方式N_2O直接排放系数介于0.18%～0.49%。

$$EN_R = F_{N2} \times EF \tag{7-2}$$

式中　EN_R——技术应用条件下农田土壤N_2O的排放量（用氮表示），kg/(hm^2·a)；

F_{N2}——技术应用条件下农田施用氮肥量（折纯），kg/(hm^2·a)；

EF——N_2O排放因子，依据IPCC2006取值为0.01kg/hm^2，课题组

实验结果表明，各施肥方式 N_2O 直接排放系数介于0.18%～0.49%。

$$EN_{C.B}=GWP_{N_2O}\times EN_B\times 44/28 \quad (7\text{-}3)$$

式中 $EN_{C.B}$——农民习惯，农田 N_2O 的排放量，以 CO_2 当量表示，kg/(hm^2·a)；

GWP_{N_2O}——N_2O 的增温潜势，默认值为298；

44/28——用氮表示的 N_2O 排放转换为用 N_2O 表示的转换系数。

$$EN_{C.R}=GWP_{N_2O}\times EN_R\times 44/28 \quad (7\text{-}4)$$

式中 $EN_{C.R}$——技术应用条件下，农田 N_2O 的排放量，以 CO_2 当量表示，kg/(hm^2·a)；

GWP_{N_2O}——N_2O 的增温潜势，默认值为298；

44/28——用氮表示的 N_2O 排放转换为用 N_2O 表示的转换系数。

减排量估算：根据公式(7-5)计算单位面积因氮肥施用量改变而产生农田土壤 N_2O 的减排量，即农民常规情景下 N_2O 的排放量减去项目情景下 N_2O 的排放量。

$$EN=EN_{C.B}-EN_{C.R} \quad (7\text{-}5)$$

式中，EN为单位面积农田土壤 N_2O 排放的减少量，以 CO_2 当量计[kg/(hm^2·a)]。

2. 项目下土壤碳固定量增量估算

科学合理施肥可以促进土壤中有机碳的积累，进而增加土壤碳储量，间接减少土壤温室气体排放。农民习惯和技术应用条件下土壤固碳量估算如下。

采用公式(7-6)，估算项目期（1年）前后农民习惯和技术应用条件下土壤的碳储量，进而通过公式(7-7)计算出农民常规和技术应用条件下土壤固碳量。

$$C_{initial/final}=SOC\times\rho_b\times h\times 100 \quad (7\text{-}6)$$

式中 $C_{initial/final}$——项目开始时/项目结束前土壤有机碳储量，kg/(hm^2·a)；

SOC——土壤中有机碳量，g/kg；

ρ_b——土壤体积质量，g/cm^3；

h——土层厚度（取20cm）；

100——转换系数。

$$\Delta C_{BR}=C_{final}-C_{initial} \quad (7\text{-}7)$$

式中　ΔC_{BR}——基线/项目情景下土壤固碳量，kg/(hm^2·a)。

碳固定量增量估算：因农民常规情景下土壤碳储量也会有增加或降低的趋势，则技术应用所产生的碳固定量应是相对于农民常规情景下碳固定量的增量。可由公式(7-8) 计算。

$$\Delta C=(\Delta C_R-\Delta C_B)\times 44/12 \tag{7-8}$$

式中　ΔC——项目实施下土壤碳固定量的增量，以 CO_2 当量计，kg/(hm^2·a)；

ΔC_R——项目情景下土壤固碳量，kg/(hm^2·a)；

ΔC_B——基线情景下土壤固碳量，kg/(hm^2·a)；

44/12——碳当量转换为 CO_2 当量的转化系数。

3. 产量因素对 N_2O 减排量的影响估算

农作物需要从土壤中吸收大量的氮素来完成其产量的形成，而氮素是土壤 N_2O 释放的重要原因，因此农作物产量的形成对土壤 N_2O 释放有重要的影响，技术应用和农民常规情景下都应该把该方面产生的温室气体减排量考虑在内。综合减排技术的使用可以提高农作物的产量，提高氮肥利用效率，进而增加农作物对土壤中氮肥的吸收和利用。作物产量增加，提高作物对土壤氮肥的吸收量，也就减少该部分氮肥在土壤中所产生的 N_2O 排放，即减少形成该部分产量的氮肥在土壤中所产生的温室气体 N_2O 的量。IPCC2006 中提供的土壤 N_2O 排放量计算方法，可以有效地估算土壤中氮肥施用所产生的 N_2O 排放量，因此，可以采用该方法对土壤中产生产量增量的这部分氮肥所产生的 N_2O 排放量进行计算，即为因产量改变而产生的 N_2O 减排量。具体计算见公式(7-9) 和式(7-10)。

$$\Delta N=(Y_R-Y_B)\times\gamma \tag{7-9}$$

$$\Delta N_2O=\Delta N\times EF\times(44/28)\times GWP_{N_2O} \tag{7-10}$$

式中　ΔN——项目实施后因产量增加而多吸收的 N 量，kg/hm^2；

Y_R——技术应用情景下农作物的产量，kg/hm^2；

Y_B——农民常规情景下农作物的产量，kg/hm^2；

γ——生产 1kg 农作物籽粒吸收的 N 量，kg/kg；

ΔN_2O——因产量改变而产生的 N_2O 减排量，以 CO_2 当量计，kg/hm^2；

EF——N_2O 排放因子，依据 IPCC2006 取值为 0.01kg/kg；

44/28——把用氮表示的 N_2O 排放转换成用 N_2O 表示的转化系数；

GWP_{N_2O}——N_2O 的增温潜势，默认值为 298。

4. 项目总温室气体减排量计算

项目总的温室气体减排量等于因氮肥用量减少产生的 N_2O 减排量、土壤碳固定的增加量及产量增加而产生的 N_2O 减排量之和。

单位面积农田 GHG 减排量估算：单位面积农田温室气体减排量等于项目实施中单位面积农田因氮肥用量产生的 N_2O 减排量、土壤碳固定的增加量及农作物产量增加而产生的 N_2O 减排量之和。计算公式如下：

$$E_i = \sum_{k=1}^{n} EN_{i,k} + \sum_{k=1}^{n} \Delta N_2O_{i,k} + \Delta C_i \tag{7-11}$$

式中 E_i——项目中乡镇 i 每公顷项目农田产生的 GHG 减排量，以 CO_2 当量计，kg/(hm^2 · a)；

$EN_{i,k}$——乡镇 i 种植 k 种作物土壤 N_2O 排放的减少量，kg/hm^2；

$\Delta N_2O_{i,k}$——乡镇 i 种植 k 种作物产量增加而减少的 N_2O 排放量，kg/hm^2；

ΔC_i——乡镇 i 项目中土壤碳固定的增量，kg/hm^2。

整个项目 GHG 减排量计算：

$$E_A = \frac{\sum E_i \times S_i}{1000} \tag{7-12}$$

式中 E_A——项目总的 GHG 减排量，以 CO_2 当量计，t/a；

S_i——乡镇 i 项目田块的面积，hm^2。

5. 数据处理与分析

采用 Microsoft Excel 和 SPSS 16.0 软件对数据进行处理与统计分析。

二、不同类型农田的减排潜力计算

1. 计算所用参数取值

通过资料查阅和试验研究，得出项目实施面积及技术应用和农民常规每种作物每公顷的平均施氮量，见表 7-1。

表 7-1　项目实施面积、不同情景下的施氮量及 N_2O 直接排放系数

作物种类	面积/万公顷	施氮量/(kg/hm^2)		EF/%(IPCC)	EF/%(项目均值)	项目监测结果
		农民常规	综合技术			
黄瓜	10.87	1155	600	1	1	0.90%～1.07%
番茄	7.65	900	500	1	0.675	0.45%～0.9%
大葱-小麦轮作	6.86	600	400	1	0.3	0.30%
冬小麦-夏玉米	312.65	500	420	1	0.54	0.33%～0.75%

为了更加准确地确定技术应用和农民常规情景下土壤碳固定量，在项目开始时和结束前进行采样分析，表 7-2 为不同作物在技术应用和农民常规情景下土壤有机质及容重的测定结果。

表 7-2　不同作物土壤中有机质含量和容重

作物种类	农民常规				综合技术			
	容重/(g/cm^3)		有机质/(g/kg)		容重/(g/cm^3)		有机质/(g/kg)	
	开始	结束	开始	结束	开始	结束	开始	结束
黄瓜	1.08	1.076	23.75	24.19	1.08	1.07	23.75	24.42
番茄	1.12	1.115	2.08	2.16	1.12	1.113	2.08	2.18
大葱-小麦轮作	1.26	1.256	18.6	18.63	1.26	1.24	18.6	19.02
冬小麦-夏玉米	1.31	1.31	13.5	13.56	1.31	1.31	13.5	13.9

依据已有的研究结果，确定不同作物经济产量对氮的吸收量；根据试验结果，得出了不同措施下的平均产量，具体见表 7-3。

表 7-3　不同处理对不同作物的产量的影响

作物种类	γ/(kg/kg)	产量/(t/hm^2)	
		农民常规	综合技术
黄瓜	0.004	94.6	111.4
番茄	0.005	171	170.9
大葱	0.002	57.5	65.3
小麦	0.0248	5.248	5.408
玉米	0.0294	8.288	8.608

2. 项目减排量计算结果

依据本章“一、减排量计算方法”中的计算方法和表 7-1～表 7-3 中的各

参数取值，计算出因项目实施，不同作物每公顷的温室气体减排量及各作物的总温室气体减排量，见表 7-4～表 7-6。由于不同作物种植环境条件、土壤肥力和施肥量等存在较大差异，各作物 N_2O 排放量、土壤固碳量及农作物的产量都会存在较大差异，进而导致不同作物温室气体减排量也存在差异。不同作物种类温室气体减排量不同来源的贡献不同，蔬菜因施用氮肥量的减少而产生的减排量最大，以 CO_2 当量计，平均为 1931.7kg/(hm^2 · a)，其次为产量增加，以 CO_2 当量计，平均为 364.4kg/(hm^2 · a)；土壤碳储量增加所产生的间接温室气体排放，以 CO_2 当量计，平均为 252.86kg/(hm^2 · a)。大葱-小麦轮作因施用氮肥量的减少而产生的减排量最大，以 CO_2 当量计，平均为 936.7kg/(hm^2 · a)，其次为土壤碳储量增加所产生的间接温室气体排放，以 CO_2 当量计，平均为 789.1kg/(hm^2 · a)；产量增加减排以 CO_2 当量计，平均为 213.8kg/(hm^2 · a)；冬小麦-夏玉米轮作因土壤碳储量增加所产生的间接温室气体排放的减排量最大，以 CO_2 当量计，平均为 1894.4kg/(hm^2 · a)，其次为施用氮肥量的减少而产生，以 CO_2 当量计，平均为 374.6kg/(hm^2 · a)；产量增加减排以 CO_2 当量计，平均 146.2kg/(hm^2 · a)。

表 7-4 不同氮肥用量对温室气体排放的影响

作物种类	农民常规排放量 /[kg/(hm^2 · a)]		综合技术排放量 /[kg/(hm^2 · a)]		减排量 CO_2 当量计 /[kg/(hm^2 · a)]	
	IPCC	项目	IPCC	项目	IPCC	项目
黄瓜	5408.7	5408.7	2809.7	2809.7	2599.0	2599.0
番茄	4214.6	2844.8	2341.4	1580.5	1873.1	1264.4
大葱-小麦轮作	2809.7	842.9	1873.1	561.9	936.6	281.0
冬小麦-夏玉米	2341.4	1264.4	1966.8	1062.1	374.6	202.3

表 7-5 不同作物种植对有机碳贮量的影响

作物种类	农民常规固碳量 /[kg/(hm^2 · a)]		综合技术固碳量 /[kg/(hm^2 · a)]		增量 /[kg/(hm^2 · a)]		增量 CO_2 当量计 /[kg/(hm^2 · a)]
	开始	结束	开始	结束	农民常规	综合技术	
黄瓜	29754.0	30193.0	29754.0	30310.1	439.0	556.1	429.4
番茄	2702.3	2793.7	2702.3	2814.6	91.4	112.2	76.3
大葱-小麦轮作	27185.8	27143.2	27185.8	27358.4	−42.6	172.6	789.1
冬小麦-夏玉米	20514.6	20605.8	20514.6	21122.4	91.2	607.8	1894.4

表 7-6　不同作物产量变化对温室气体排放的影响（CO_2 当量计）

单位：kg/(hm^2·a)

作物种类	按 EF%(IPCC)计算	按 EF%(项目均值)计算
黄瓜	734.3	734.3
番茄	−5.5	−3.7
大葱-小麦轮作	213.8	108.6
冬小麦-夏玉米	146.2	78.9

N_2O 直接排放系数是计算温室气体排放量中重要的因素，一般依据 IPCC2006 取值 1%，从课题组长期监测来看，对有的作物体系，取值偏高，可能对温室气体排放量估算过高。

不同作物的栽培面积和单位减排量计算得出减排量（表 7-7），以 CO_2 当量计，蔬菜（黄瓜和番茄）、大葱-小麦轮作、冬小麦-夏玉米轮作分别为：5.58×105t/a、1.33×105t/a、7.55×106t/a，总计减排 8.24×106t/a。我省种植业温室气体排放总量 2013 年为 5669.25 万吨 CO_2 当量，技术应用可以减排 14.53%。

表 7-7　典型作物温室气体减排量

作物种类	面积/10^4hm^2	减排量 CO_2 当量计/[kg/(hm^2·a)]		有机碳减排量 CO_2 当量计/[kg/(hm^2·a)]	产量变化 CO_2 当量计/[kg/(hm^2·a)]		减排总量以 CO_2 当量计/(10^4t/a)	
		IPCC	项目		IPCC/EF	项目EF%均值	IPCC/EF	项目EF%均值
黄瓜	10.87	2598.99	2598.99	429.42	734.27	734.27	40.90	40.90
番茄	7.65	1873.14	1264.37	76.30	−5.46	−3.69	14.87	10.23
大葱-小麦轮作	6.86	936.57	280.97	789.08	213.81	108.64	13.30	8.09
冬小麦-夏玉米	312.65	374.63	202.30	1894.44	146.16	78.92	755.12	680.22
合计							824.19	739.44

降低温室气体排放的措施及建议

针对山东省种植业温室气体的主要排放源，提出以下温室气体减排建议。

一、CO_2 减排

1. 提高农用物资利用效率

“高投入，高产出”的传统农业发展理念，使得山东省农业生产存在着农资利用水平低下的问题，当前山东省化肥使用量 431kg/hm^2，远高于发达国家 225kg/hm^2 的上限。此外，农药、农膜也存在过度使用现象。2013 年，山东省农用物资投入在生产和运输过程中引起的碳排放占种植业温室气体排放比重最大（44.6%），因此应以生产资料减耗为主，减少农业物资投入品生产量，提高农业生产资料利用率，以实现农业生产的碳减排。

2. 农业节能

农业节能包括灌溉节能和机械节能两方面，进行灌溉和耕作技术改革，首先通过合理灌溉，提高水分利用率，如滴灌、喷灌比大水漫灌可节水 50%，减少能源消耗。其次，减少作业工序、提高作业效率等减少能源消耗，如保护性耕作相比传统耕作可节油 33%，综合考虑各地差异及其他耕作技术等，可降低油耗 25%～30%。再次，提高农业机械利用率和经济效率以减少能耗，建立和发展农机行业协会，组织分散的农机户，采用多渠道、多区域、多层次的合作方式，提高农机户的组织化程度，扩大农机跨区作业规模。最后，加强节油、节电、节煤等节能型农业机械的研发与推广，努力提高农机装备和作业水平。

3. 土壤固碳应用

土壤固碳被视为是减少大气 CO_2 浓度的一种有效措施，一直以来是农业温室气体减排的一个研究热点——“固碳减排”。减排措施主要包括少耕和免耕、秸秆还田、施用有机肥和生物质炭等。

（1）少耕和免耕

少耕和免耕可以降低对土壤结构的扰动和破坏，减少土壤有机碳的分解损失，提高土壤有机碳的含量。研究表明，山东省玉米上的 4 种保护性耕作模式，包括留茬垄侧种植、宽窄行交替休闲种植、留茬直播种植和灭高茬深松整地种植，均可提高耕层土壤有机碳的含量，其中，玉米宽窄行交替休闲种植固碳潜力最大，土壤有机碳含量较传统耕作模式提高 1955.07kg C/(hm^2 · a)，同时该模式的温室气体减排潜力也最大，其 CO_2 当量减排量为 1897.56kg/(hm^2 · a)。不过也有研究表明，少耕和免耕会导致表土容重增加，易造成厌氧环境刺激反硝化作用，从而增加 N_2O 的排放。

（2）秸秆还田

秸秆还田是目前最具前景的农田土壤固碳措施之一，不同的气候、土壤、耕作、养分等条件下，还田秸秆碳量的 8%～35.7%能够以土壤有机碳的形式沉积在土壤碳库中。同时秸秆中的氮在土壤中经过硝化-反硝化作用，会导致 N_2O 排放的增加，而且稻田中还会产生 CH_4。综合分析温室气体排放、土壤固碳以及秸秆焚烧 3 个因素，秸秆还田对减缓气候变暖优于农民习惯，短期秸秆还田有助于降低总体温室气体排放，长期进行秸秆还田后降低幅度会逐步减小。

（3）增施有机肥

研究表明，土壤中有机质的流失是大气 CO_2 浓度升高的重要原因之一。施用有机肥或者与化肥配施是重要的固碳方法之一，可增加土壤固碳效果，但在稻田中会增加 CH_4 排放。也有研究表明，推荐氮肥量配施有机肥仍然是碳强度评价体系下的最优处理。

（4）添加生物质炭

生物质炭是由植物生物质在完全或部分缺氧的情况下经热解炭化产生的一类高度芳香化难熔性固态物质。生物质炭具有极强的稳定性和较高的吸附性能，可以吸收大气中的 CO_2，并将其长期储存于土层中。添加到土壤中的生物质炭不仅能存在成百上千年，而且极少参与碳循环，可以抵消由于消耗化石燃料排放出的 CO_2，在一定程度上能有效地缓解气候变化问题，因此生物质炭技术被认为是碳封存的有效手段之一。生物质炭的输入不仅可以去除土壤-大气层碳循环中的 CO_2，还可以通过固定土壤有机碳从而减少土壤 CO_2 的释放。

二、CH_4 减排

山东省 CH_4 减排，首要减少稻田 CH_4 排放，可以从品种选择、耕作方式、施肥管理和水分管理 4 方面入手。

1. 种植和选育适宜品种

生产实践上一般选育土壤氧化层根系发达、厌氧层根系分布小、通气组织不发达、根分泌少的品种，有利于促进根际形成有氧环境和提高甲烷氧化菌的活性，抑制甲烷产生菌的活性。例如用杂交水稻替代常规水稻既能减少 CH_4 排放，又能增加水稻的产量。如选择种植矮秆水稻品种（株高 90cm），较高秆（120cm）品种减排约 60%；选育土壤氧化层根系发达、厌氧层根系分布小、通气组织不发达、根分泌少的品种，有利于抑制甲烷产生菌的活性，从而减少 CH_4 排放。

2. 改变耕作方式

土壤耕作方式对水稻生长季 CH_4 排放总量有显著或极显著影响，在长江下游稻麦两熟制农田采用周年旋耕措施能有效减少水稻生长季 CH_4 的排放。山东省多为稻麦轮作，采用“麦季旋耕＋稻季旋耕”的周年旋耕措施，可减少稻田 CH_4 排放，比“麦季免耕＋稻季翻耕”减排 40%。

3. 施肥管理

在肥料使用上，通过有机肥和化肥配合施用，增加酸性肥料、添加甲烷产生菌抑制剂（如碳化钙）等均可以减少 CH_4 的排放。另外，研究表明，可以通过减少铵态氮肥的施用来减少 CH_4 的排放，因为 NH_4^+ 能够抑制土壤对 CH_4 的吸收，其可能的抑制机制为由于 NH_4^+ 和 CH_4 的氧化是相互排斥的，铵态氮肥的使用增加了土壤 NH_4^+ 含量，而甲烷氧化细菌优先同化氨，从而抑制了土壤对 CH_4 的吸收速率，这也可以解释尿素氮施入农田后其 CH_4 吸收汇强度减弱的现象。有机无机配合施用，增加酸性肥料，如有机肥与硫酸铵混施作为水稻基肥，分蘖肥单独施用硫酸铵，可相对于不施分蘖肥减少 58%的 CH_4 排放量。使用腐熟的沼渣肥替代常用的有机肥，也能有效降低 CH_4 排放，又经济实惠。再者，使用肥料型甲烷抑制剂，如在中等或肥力条件较差的稻田，施用以腐殖酸为原料的肥料型甲烷抑制剂，可降低约 30%的 CH_4 排放。最后，提倡秸秆还田，选择旱作季节稻秆还田，并注意还田方式，应将稻秆切碎与表层土壤均匀混合；如果稻季秸秆还田，则需要施用堆腐后的秸秆或移栽前几个月还田。

4. 水分管理

排水烤田可以有效降低 CH_4 的排放，要选择在水稻对水分较不敏感时期和稻田 CH_4 排放量较大的生长阶段进行烤田，最适宜的烤田时期是水稻分蘖期至幼穗分化前，在此期间进行烤田 1～2 次，可以使稻田 CH_4 排放降低 29%～36%。采取“薄浅湿晒”“半旱栽培”和“覆膜旱作”等节水灌溉模式，在水稻特定生育期特定时间段内保持田面无水层或土壤含水量低于饱和含水量，既能抑制 CH_4 产生，又能减少植株对 CH_4 的输送，从而降低 CH_4 的排放量。采用合理的水分管理方式，如稻田淹水和烤田相结合是减少 CH_4 排放的理想措施，条件允许的情况下，适当的间歇烤田能大幅度减少 CH_4 的排放量。这是因为烤田会导致土壤 Eh 增高而抑制 CH_4 的产生和排放，同时土壤的干湿交替会杀死产 CH_4 的细菌和其他有关微生物，从而降低了稻田 CH_4 排放。而且，烤田后即使再复灌水稻田，CH_4 的排放量仍然难以恢复到烤田前的水平。与持续淹水的稻田相比，烤田和间歇灌溉可降低 CH_4 排放 30%～72%。然而需要指出的是，虽然烤田和间歇灌溉能有效地减少稻田 CH_4 排放，但与此同时增加了 N_2O 的排放，因为烤田和间歇灌溉能增加土壤通透性，改变土壤微环境，利于N_2O的产生和排放，所以减排的效应需从两者的综合增温潜势进行考虑。

5. 添加生物质炭

研究发现添加生物质炭能抑制土壤CH_4的排放，且这种抑制作用随着施炭量的增加而增强。一方面，生物质炭的输入改善了土壤的通透性，减少了厌氧状态的存在；另一方面，生物质炭的施用改变了土壤的微生物群落结构，尤其是对嗜甲烷菌的生长有明显促进作用。

三、N_2O减排

N_2O的土壤排放和直接排放占山东省N_2O总排放量的82.4%，两者既是山东省N_2O的主要排放源，亦是减排重点。

1. 优化种植结构

不同作物因施肥、耕作等生产情况不同，土壤有机质和理化性质各异，会影响土壤本底排放，蔬菜地N_2O排放因子最大，其次是玉米和小麦。因此，对于土壤N_2O的减排，建议在符合山东省发展规划范围内、确保粮食安全的前提下，进一步优化种植结构，减少资源能耗高、农用物质投入大的农作物的种植。

2. 施肥管理

化肥氮的使用决定着N_2O的直接排放量，可以从氮肥管理（施氮量、氮肥形态、施氮方式和施肥时期等）、施用生物抑制剂和农田耕作等方面入手，提高氮肥利用率，从而减少N_2O的排放。农田土壤N_2O的一个重要来源是化肥的施用，全球人为排放N_2O的60%～90%直接来源于农田施用氮肥。研究表明，N_2O的排放量随着施肥量的增加而增加，如果适当减少氮肥用量，则可大大减少农田N_2O排放。

3. 长效肥料和控释肥料替代普通肥料

碳酸氢铵和尿素是我国农业的主体肥料，但它们的肥效期短，挥发损失量大，氮素利用率低。与施用普通碳酸氢铵和尿素相比，长效碳酸氢铵与长效尿素能显著减少 N_2O 排放 27%～88%。研究显示，硫包膜尿素处理相对于传统尿素处理具有显著的 N_2O 减排效果，能降低 40.5%的粮食碳排放强度以及 47.3%的单位净产值碳排放强度。稻田施用控释肥与施用复合肥相比可减少 N_2O 排放约 80%。

4. 氮肥管理

近几年来山东省氮肥施用量居高不下，基本保持在 230 万吨左右，要削减土壤中 N_2O 的排放，避免氮肥过量施用，提高氮肥利用率是重中之重。第一，提倡广测土配方施肥和精准施肥技术，使氮肥施用量与作物生长需求相吻合，减少氮肥施用量；第二，要根据作物不同生育期特点，分次追肥，提高作物吸收；第三，注重氮磷钾平衡搭配和有机肥配合使用，不仅有助于增产、提高肥料利用率，还能提高土壤肥力，起到固碳减排作用；第四，施肥方式上，改表施为深施，李鑫等研究表明，穴施尿素较表施 N_2O 排放减少约 8%；第五，选择合适氮肥品种，不同的氮肥品种，N_2O 排放系数各异。液氮 N_2O 转化率为 1.63%、铵态氮肥为 0.12%、尿素为 0.11%、硝态氮肥为 0.03%，因此根据作物需求和地区环境，尽量选用 N_2O 排放系数较小的氮肥品种。长效氮肥和控施氮肥也能减少 N_2O 排放，研究表明，与施用普通碳酸氢铵和尿素相比，玉米田施用长效碳酸氢铵与长效尿素分别减少 76%和 58%左右的 N_2O 排放。目前我国农田氮肥当季利用率仅有 30%左右，如果氮肥利用率提高 1 个百分点，全国就可减少氮肥生产的能源消耗 250 万吨标准煤。若将氮肥利用率从 20%～30%提高到 30%～40%，则可相应降低 10%的 N_2O 排放。可以通过合理的养分配比、改表施为深施、有机肥与化肥混施等措施提高氮肥利用率。研究表明，尿素表施 N_2O 排放量为施氮量的 1.94%，而穴施仅为施氮量的 1.67%。

5. 施用生物抑制剂

使用硝化抑制剂抑制硝化速率，减缓铵态氮向硝态氮的转化，从而减少氮素的反硝化损失和 N_2O 的产生。我国目前应用较多的是氢醌（HQ）、双氰铵（DCD）、3,4-二甲基吡唑磷酸盐（DMPP）和乙炔等。研究表明，抑制剂DCD和DMPP对草甸棕壤的N_2O减排率为54.1%～75.9%。而且，不同氮肥水平下，蔬菜地施用DCD均能减少N_2O排放，减排率8.75%～25.28%，减排效果随施氮量的增加而增加。脲酶抑制剂可以抑制尿素水解向铵的转化，从而直接抑制硝化过程，同时也间接抑制反硝化过程，从而减少N_2O的排放，研究显示脲酶抑制剂大约可以减少10%的N_2O排放；硝化抑制剂可以通过抑制铵氧化过程来抑制硝化作用，从而减少N_2O的排放，研究显示，硝化抑制剂可以减少38%的N_2O排放。脲酶抑制剂氢醌与硝化抑制剂双氰胺适宜组合，可有效地减少N_2O排放和其他气态氮损失。

6. 科学耕作

在粮食作物和经济作物耕作上采用少耕或免耕，可以减少N_2O排放。推广秸秆还田，不仅有很好的保水保肥效果，秸秆还田产生的化感物质，也能抑制N_2O排放。种植方式对N_2O排放的影响十分显著，研究表明，轮作处理的N_2O排放量要远远低于连作处理。轮作作物生育期较连作会消耗更多的水分，降低土壤含水量；轮作可以减少土壤板结，增加土壤通透性；轮作有利于土壤有机碳的汇集，促进土壤微生物活性，导致自养微生物参与的硝化作用减弱，同时影响碳氮比，减少土壤中有效氮，从而导致有机质转化减慢，N_2O排放受抑制。

7. 添加生物质炭

Liu等明确指出，土壤N_2O排放量随施炭量的增加而降低。这可能是由于生物质炭施入后土壤容重降低，通气性改善，加上生物质炭的高C/N比，限制了氮素的微生物转化和反硝化。Case等指出，生物质炭的输入抑制了N_2O的排放，推测其原因可能有两种：一是生物质炭可以通过物理和生物手段固定土壤中的无机氮；二是生物质炭影响土壤硝化菌和反硝化菌功能团的活性和丰度。另外，生物质炭的输入提高了土壤的阳离子交换量，因而可以吸附更多容易导致N_2O增排的NH_4^+-N、NO_3^-和磷酸盐，从而减少N_2O的释放。

四、其他建议

合理调整能源结构，减少煤炭消费，增加石油、天然气和水电等能源的使用。充分发挥政府作用，大力支持农业减排技术和节能环保新机具的推广应用；推进土地流转和规模化经营，使农机充分发挥效能和合理配备机具成为可能，以降低能源消耗。建立农业减排增汇生态效益补偿机制或对减排技术的使用提供补贴，以降低社会减排成本等，从多方面激励农户采用低碳型农业生产方式。

参考文献

[1] Antal M J, Gronli M. The art, science and technology of charcoal production [J]. Industrial and Engineering Chemistry, 2003, 42 (8): 1619-1640.

[2] Beck-Friis B, Smars S, Jonsson H, et al. Gaseous emissions of carbon dioxide, ammonia and nitrous oxide from organic household waste in a compost reactor under different temperature regimes. Journal of Agricultural Engineering Research, 2001, 78: 423-430.

[3] Bouwman A F. Direct emissions of nitrous oxide from agriculture soils. Nutrient Cycling in Agroecosystems. 1996, 46: 53-70.

[4] Case S D C, Whitaker J, Mcnamara N P, et al. Biochar suppression of N_2O emissions from an agricultural soil effects and potential mechanisms [C]. European Geographical Union Conference, Vienna, Austria, 2012.

[5] Chan K Y, Van Zwieten L, Meszaros I, et al. Using poultry litter biochars as soil amendments [J]. Australian Journal of Soil Research, 2008, 46: 437-444.

[6] Chen X P, Zhu Y G, Xia Y, et al. Ammonia-oxidizing archaea: important players in paddy rhizosphere soil [J]. Environmental Microbiology, 2008, 10 (8): 1978-1987.

[7] Cui Z L, Chen X P, Zhang F S, et al. On-farm evaluation of the improved soil nitrate N levels required for high yield maize production in the North China Plain [J]. Nutrient Cycling in Agroecosystems, 2008b, 82: 187-196.

[8] Dobbie K E, Smith K A. Impact of different forms of N fertilizer on N_2O emission from intensive grassland. Nutrient Cycling in Agroecosystems, 2003, 67: 37-46.

[9] Dubey A, Lal R. Carbon footprint and sustainability of agricultural production systems in Punjab, India, and Ohio, USA [J]. Journal of Crop Improvement, 2009, 23 (4): 332-350.

[10] Feng Y Z, Xu Y P, Yu Y C, et al. Mechanism s of biochar decreasing methane emission from Chinese paddy soils [J]. Soil Biology & Biochemistry, 2012, 46: 80-88.

[11] Follett R F. Soil management concepts and carbon sequestration in cropland soils [J]. Soil & Tillage Research, 2001, 61 (1-2): 77-92.

[12] Hansen S, Mehum J E, Bakken L R. N_2O and CH_4 fluxes in soil influenced by fertilization and tract or traffic [J]. Soil Biol Biochem, 1993, 25 (5): 621-630.

[13] Hao X Y, Chang C, Larney F J. Carbon, nitrogen balances and greenhouse gas emission during cattle feedlot manure composting. Journal of Environmental Quality, 2004, 33: 37-44.

[14] Hütsch B W. Methane oxidation in soils of two long-term fertilization experiments in Germany [J]. Soil Biology and Biochemistry, 1996, 28 (6): 773-782.

[15] IPCC, Working Group Ⅲ. Greenhouse gas mitigation in agriculture [R]. Fourth assessment report, 2006.

[16] IPCC. Climate Change 2007: Synthesis Report. Contribution of Working Groups I, II and III to the Fourth Assessment Report of the Intergovernmental Panel on Climate Change. Geneva, Switzerland: Cambridge University Press, 2007: 104.

[17] IPCC. Climate Change 2007-Impacts, Adaptation and Vulnerability [M]. Cambridge, UK and New York: Cambridge University Press, 2007: 750-752.

[18] IPCC. Climate Change 2013: The Physical Science Basis. Contribution of Working Group I to the Fifth Assessment report of the Intergovernmental Panel on Climate Change [M]. Cambridge: Cambridge University Press, 2014.

[19] IPCC. Climate change 2014: impacts, adaptation, and vulnerability [M]. Cambridge: Cambridge University Press, in press, 2014.

[20] Ju X T, Xing G X, Chen X P, et al. Reducing environmental risk by improving N management in intensive Chinese agricultural system [J]. Proceedings of the National Academy of Sciences of the United States of America, 2009, 106 (9): 3041-3046.

[21] Lal R. Carbon Management in Agricultural Soils [J]. Mitigation and Adaptation Strategies for Global Change, 2007, 12 (2): 303-322.

[22] Laura S M, Arce A, Benito A, et al. Influence of drip and furrow irrigation systems on nitrogen oxide emissions from a horticultural crop [J]. Soil Biol. Biochem., 2008, 40: 1698-1706.

[23] Lehmann J, Gaunt J, Rondon M. Biochar sequestration in terrestrial ecosystems: a review [J]. Mitigation and Adaptation Strategies for Global Change, 2006, 11: 403-407.

[24] Lehmann J, Joseph S. Biochar for Environmental Management: Science and Technology [M]. London: Earthscan, 2009: 107-126.

[25] Lehmann J. A handful of carbon [J]. Nature, 2007, 443: 143-144.

[26] Lemke R L, Izaurralde R C, Nyborg M. Seasonal distribution of nitrous oxide emis-

sions from soils in the Parkland region [J]. Soil Science Society of America Journal, 1998, 62 (5): 1320-1326.

[27] Liang B, Lehmann J, Solonmon D, et al. Black carbon increases cation exchanges capacity in soils [J]. Soil Science Society of America Journal, 2006, 70: 1719-1730.

[28] Lindau C W, Bollich P K, Delaune R D, et al. Methane mitigation in flooded Louisiana rice fields [J]. Biol Fertil Soils, 1993 (15): 174-178.

[29] Liu J S, Xie Z B, Liu G, et al. A holistic evaluation of CO_2 equivalent greenhouse gas emissions from compost reactors with aeration and calcium superphosphate addition [J]. Journal of Resources and Ecology, 2010, 1: 177-185.

[30] Liu X Y, Qu J J, Li L Q, et al. Can biochar amendment be an ecological engineering technology to depress N_2O emission in rice paddies—A cross site field experiment from South China [J]. Ecological Engineering, 2012, 42: 168-173.

[31] Lou Y S, Li Z P, Zhang T L. Carbon dioxide flux in a subtropical agricultural soil of China [J]. Water, Air and Soil Poll., 2004, 149: 281-293.

[32] Maeda K, Morioka R, Hanajima D, et al. The impact of using mature compost on nitrous oxide emission and the denitrifier community in the cattle manure composting process [J]. Microbial Ecology, 2010, 59: 25-36.

[33] Mahmood T, Ali K R, Malik A. 1998. Nitrous oxide emissions from an irrigated sandy-clay loam cropped to maize and wheat [J]. Biology Fertility of Soils, 27: 189-196.

[34] Maniadakis K, Lasaridi K, Manios Y, et al. Integrated waste management through producers and consumers education: composting of vegetable crop residues for reuse in cultivation [J]. Journal of environmental science and health part B-pesticides, food contaminants, and agricultural wastes, 2004, B39: 169-183.

[35] Melillo J M, Steudler P A, Aber J D, et al. Soil warming and carbon-cycle feedbacks to the climate system [J]. Science, 2002, 298 (5601): 2173-2176.

[36] Min-based nitrogen management for summer wheat in North China Plain [J]. Agronomy Journal, 2008a, 100: 517-525.

[37] Mizuta K, Matsumoto T, Hatate Y, et al. Removal of nitrate-nitrogen from drinking water using bamboo powder charcoal [J]. Bioresource Technology, 2004, 95: 255-257.

[38] Nesbit S P, Breitenbeck G A. A laboratory study of factors influencing me thane uptake by soil [J]. Agriculture Ecosystem & Environment, 1992, 41: 39-54.

[39] Osada T, Kuroda K, Yonaga M. Determination of nitrous oxide, methane, and am-

monia emissions from a swine waste composting process [J]. Journal of Material Cycles and Waste Management, 2000, 2: 51-56.

[40] Osada T, Sommer S G, Dahl P, et al. Gaseous emission and changes in nutrient composition during deep litter composting. Acta Agriculturae Scandinavica: Section B-Soil and Plant Science, 2001, 51: 137-142.

[41] Ryan F, Jeff B. Concepts in modelling N_2O emissions from land use [J]. Plant Soil, 2008, 9: 147-167.

[42] Sauerborn J, Sprich H, Mercer-Quarshie H. Crop Rotation to Improve Agricultural Production in Sub-Saharan Africa [J]. Journal of Agronomy and Crop Science, 2000, 184 (1): 67-72.

[43] Shackley S, Sohi S, Haszeldine S, et al. Biochar, reducing and removing CO_2 while improving soils: a significant and sustainable response to climate change [R]. Evidence submitted to the Royal society Geo-engineering climate Enquiry, 2009, UKBRC working paper 2.

[44] Six J, Ogle S M, Jay B F, et al. The potential to mitigate global warming with notillage management is only realized when practised in the long term [J]. Global Change Biology, 2004, 10 (2): 155-160.

[45] Steinbach H S, Alvarez R. Changes in soil organic carbon contents and nitrous oxide emissions after introduction of no-till in Pampean agroecosystems [J]. Journal of Environmental Quality, 2006, 35 (1): 3-13.

[46] Szanto G L, Hamelers H M, Rulkens W H, et al. NH_3, N_2O and CH_4 emissions during passively aerated composting of straw-rich pig manure [J]. Bioresource Technology, 2007, 98: 2659-2670.

[47] Towprayoon S, Smakgahn, Poonkaew S. Mitigation of methane and nitrous oxide emissions from drained irrigated rice fields [J]. Chemosphere, 2005 (59): 1547-1556.

[48] Triberti L, Nastri A, Giordani G, et al. Can mineral and organic fertilization help sequestrate carbon dioxide in cropland [J]. European Journal of Agronomy, 2008, 29 (1): 13-20.

[49] Wang J X, Huang J K, Rozelle S. Climate change and China's agricultural sector: an overview of impacts, adaptation and mitigation [Z]. International centre for trade and sustainable development and international food and agricultural trade Policy Council, 2010 (5): 1-31.

[50] West T O, Marland G. A synthesis of carbon sequestration, carbon emissions, and

net carbon flux in agriculture: comparing tillage practices in the United States [J]. Agriculture, Ecosystems and Environment, 2002, 91 (1): 217-232.

[51] Wolter M, Prayitno S, Schuchardt F. Greenhouse gas emission during storage of pig manure on a pilot scale [J]. Bioresource Technology, 2004, 95: 235-244.

[52] Xu X K, Boeckx P, Van Cleemputo, et al. Unrease and nitrification inhibitors to reduce emissions of CH_4 and N_2O in rice production [J]. Nutrient Cycling in Agroecosystems, 2002, 64 (12): 203-211.

[53] Yan X Y, Yagi K, Akiyama H, et al. Statistical analysis of the major variables controlling methane emission from rice fields [J]. Global Change Biology, 2005, 11 (7): 1131-1141.

[54] Yogev A, Raviv M, Hadar Y, et al. Induced resistance as a putative component of compost suppressiveness [J]. Biological Control, 2010, 54: 46-51.

[55] Zeman C, Depken D, Rich M. Research on how the composting process impacts greenhouse gas emissions and global warming [J]. Compost Science and Utilization, 2002, 10: 72-86.

[56] Zhang X Y, Chen S Y, Sun H Y, et al. Dry matter, harvest index, grain yield and water use efficiency as affected by water supply in winter wheat [J]. Irrigation Science, 2008, 27 (1): 1-10.

[57] Zhu Z L, Wen Q X, Freney J R. Nitrogen in soils of China [M]. Dordrecht/ Boston/ London: Kluwer Academic Publishers, 1997: 323-330.

[58] 《第二次气候变化国家评估报告》编写委员会. 第二次气候变化国家评估报告 [M]. 2011.

[59] 白雪，夏宗伟，郭彦玲，等. 硝化抑制剂对不同旱地农田土壤 N_2O 排放的影响 [J]. 生态学杂志，2012，31 (9)：2319-2329.

[60] 曹国良，张小曳，郑方成，等. 中国大陆秸秆露天焚烧的量的估算 [J]. 资源科学，2006，28 (1)：9-13.

[61] 曹宁，曲东，陈新平，等. 东北地区农田土壤氮、磷平衡及其对面源污染的贡献分析 [J]. 西北农林科技大学学报，2006，34 (7)：127-133.

[62] 常勤学，魏源送，夏世斌，等. 堆肥通风技术及进展 [J]. 环境科学与技术，2007，24 (10)：98-103，107.

[63] 陈百明. 中国土地利用与生态特征区划 [M]. 北京：气象出版社，2003.

[64] 陈海燕，李虎，王立刚，等. 京郊典型设施蔬菜地 N_2O 排放规律及影响因素研究 [J]. 中国土壤与肥料，2012 (5)：5-10.

[65] 崔振岭. 华北平原冬小麦/夏玉米轮作体系优化氮肥管理——从田块到区域尺度

[D]. 北京：中国农业大学，2005.

[66] 丁洪，王跃思，李卫华. 玉米-潮土系统中不同氮肥品种的反硝化损失与 N_2O 排放量 [J]. 中国农业科学，2004，37（12）：1886-1891.

[67] 丁洪，王跃思，项虹艳，等. 菜田氮素反硝化损失与 N_2O 排放的定量评价 [J]. 园艺学报，2004，31（6）：762-766.

[68] 段华平，张悦，赵建波，等. 中国农田生态系统的碳足迹分析 [J]. 水土保持学报，2011，25（1）：203-208.

[69] 段智源，李玉娥，万运帆，等. 不同氮肥处理春玉米温室气体的排放 [J]. 农业工程学报，2014，30（24）：216-224.

[70] 高新昊，张英鹏，刘兆辉，等. 种植年限对寿光设施大棚土壤生态环境的影响 [J]. 生态学报，2015，35（5）：1-12.

[71] 郭腾飞，梁国庆，周卫，等. 施肥对稻田温室气体排放及土壤养分的影响 [J]. 植物营养与肥料学报，2016，22（2）：337-345.

[72] 郭雅妮，仝攀瑞，申恒钢，等. 蔬菜与水果废物共堆肥降解的研究 [J]. 西安工程大学学报，2009，23（4）：79-81.

[73] 贺琪，李国学，张亚宁，等. 高温堆肥过程中的氮素损失及其变化规律 [J]. 农业环境科学学报，2005，24（1）：169-173.

[74] 胡荣桂. 氮肥对旱地土壤甲烷氧化能力的影响 [J]. 生态环境，2004，13（1）：74-77.

[75] 胡小康，苏芳，巨晓棠，江荣风，张福锁. 农田土壤温室气体减排措施研究进展 [C]. 北京：发展低碳农业 应对气候变化——低碳农业研讨会，2010，203-206.

[76] 黄鼎曦，陆文静，王洪涛. 农业蔬菜废弃物处理方法研究进展和探讨 [J]. 环境污染治理技术与设备，2002，3（11）：38-42.

[77] 黄国锋，钟流举，张振钿，等. 有机固体废弃物堆肥的物质变化及腐熟度评价 [J]. 应用生态学报，2003，14：813-818.

[78] 黄国宏，陈冠雄，张志明，等. 玉米田 N_2O 排放及减排措施研究 [J]. 环境科学学报，1998，18（4）：344-349.

[79] 黄化刚，张锡洲，李廷轩，等. 典型设施栽培地区养分平衡及其环境风险 [J]. 农业环境科学学报，2007，26（2）：676-682.

[80] 黄坚雄，陈源泉，刘武仁，等. 不同保护性耕作模式对农田的温室气体净排放的影响 [J]. 中国农业科学，2011，44（14）：2935-2942.

[81] 黄丽华，沈根祥，顾海蓉. 肥水管理方式对蔬菜田 N_2O 释放影响的模拟研究 [J]. 农业环境科学学报，2009，28（6）：1319-1324.

[82] 黄绍文，王玉军，金继运，等. 我国主要菜区土壤盐分、酸碱性和肥力状况 [J].

植物营养与肥料学报，2011，17（4）：906-918.

[83] 贾树龙，孟春香，杨云马，等. 华北平原农田优化施肥技术防治立体污染效果研究[J]. 中国土壤与肥料，2010（2）：1-6.

[84] 江丽华，刘兆辉，张文君，等. 氮素对大葱产量影响和氮素供应目标值的研究[J]. 植物营养与肥料学报，2007，13（5）：890-896.

[85] 江丽华，刘兆辉，张文君，等. 高产条件下大葱干物质积累和养分吸收规律的研究[J]. 山东农业科学，2007，1：69-71.

[86] 巨晓棠，刘学军，邹国元，等. 冬小麦/夏玉米轮作体系中的氮素损失途径分析[J]. 中国农业科学，2002，35（12）：1493-1499.

[87] 李波，张俊飚，李海鹏. 中国农业碳排放时空特征及影响因素分解[J]. 中国人口·资源与环境，2011，21（8）：80-86.

[88] 李方敏，樊小林，刘芳，等. 控释肥料对稻田氧化亚氮排放的影响[J]. 应用生态学报，2004，15（11）：2170-2174.

[89] 李虎，邱建军，王立刚，等. 中国农田主要温室气体排放特征与控制技术[J]. 生态环境学报，2012，21（1）：159-165.

[90] 李晶，王明星，陈德章. 水稻田甲烷的减排方法研究及评价[J]. 大气科学，1998，22（3）：354-362.

[91] 李俊良，崔德杰，孟祥霞，等. 山东寿光保护地蔬菜施肥现状及问题的研究[J]. 土壤通报，2002，33（2）：126-128.

[92] 李树辉，曾希柏，李莲芳，等. 设施菜地重金属的剖面分布特征[J]. 应用生态学报，2010，21（9）：2397-2402.

[93] 李香兰，马静，徐华，等. 水分管理对水稻生长期 CH_4 和 N_2O 排放季节变化的影响[J]. 农业环境科学学报，2008，27（2）：535-541.

[94] 李晓密，伦小秀. 施肥与不施肥措施下小麦田的 CO_2、CH_4、N_2O 排放日变化特征[J]. 生态环境学报，2014，23（1）：178-182.

[95] 李鑫，巨晓棠，张丽娟，等. 不同施肥方式对土壤氨挥发和氧化亚氮排放的影响[J]. 应用生态学报，2008，19（1）：99-104.

[96] 李艳春，王义祥，王成已，等. 福建省农业生态系统氧化亚氮排放量估算及特征分析[J]. 中国生态农业学报，2014，22（2）：225-233.

[97] 李玉宁，王关玉. 土壤呼吸作用和全球碳循环[J]. 地学前缘，2002，9（2）：351-357.

[98] 李贞宇，王旭，魏静，等. 我国不同区域玉米施肥的生命周期评价[J]. 环境科学学报，2010，30（9）：1912-1920.

[99] 梁东丽，同延安，Ove Emteryd，等. 菜地不同施氮量下 N_2O 逸出量的研究[J]. 西

北农林科技大学学报（自然科学版），2002，30（2）：73-77.

[100] 梁巍，张颖，岳进，等. 长效氮肥施用对黑土水旱田 CH_4 与 N_2O 排放的影响 [J]. 生态学杂志，2004，23（3）：44-48.

[101] 林而达，李玉娥，饶敏杰，等. 稻田甲烷排放量估算和减缓技术选择 [J]. 农村生态环境学报，1994，10（4）：55-58.

[102] 林淼，郭李萍，谢立勇. 菜地土壤 N_2O 产生机理及影响因素研究进展 [J]. 山东农业大学学报（自然科学版），2013，44（2）：313-316.

[103] 林衣东，韩文炎. 不同土壤 N_2O 排放的研究 [J]. 茶叶科学，2009，29（6）：456-464.

[104] 刘成果. 农业和农村节能减排大有可为 [J]. 环境保护与循环经济，2010，30（011）：4-5.

[105] 刘芳，刘丛强，王仕禄，等. 黔中地区不同植被类型土壤氧化亚氮的释放特征及影响因素. 应用生态学报，2008，19（8）：1829-1834.

[106] 刘玉学. 生物质炭输入对土壤氮素流失和温室气体排放特性的影响 [D]. 杭州：浙江大学，2011.

[107] 逯非，王效科，韩冰，等. 中国农田施用化学氮肥的固碳潜力及其有效性评价 [J]. 应用生态学报，2008（10）：2239-2250.

[108] 罗一鸣，李国学，Frank S，等. 过磷酸钙添加剂对猪粪堆肥温室气体和氨气减排的作用 [J]. 农业工程学报，2012，28：235-242.

[109] 闵继胜，胡浩. 中国农业生产温室气体排放量的测算 [J]. 中国人口·资源与环境，2012，22（7）：21-27.

[110] 莫舒颖. 蔬菜残株堆肥化利用技术研究 [D]. 中国农业科学院，2009.

[111] 农业部种植业管理司. 科学规划　规范推进　促进设施蔬菜持续健康发展 [J]. 长江蔬菜，2009：1-4.

[112] 潘剑玲，代万安，尚占环，等. 秸秆还田对土壤有机质和氮素有效性影响及机制研究进展 [J]. 中国生态农业学报，2013，21（5）：526-535.

[113] 庞军柱，王效科，牟玉静，等. 黄土高原冬小麦地 N_2O 排放 [J]. 生态学报，2011，31（7）：1896-1903.

[114] 彭世彰，杨士红，丁加丽，等. 农田土壤 N_2O 排放的主要影响因素及减排措施研究进展 [J]. 河海大学杂志（自然科学版），2009，37（1）：1-6.

[115] 邱炜红，刘金山，胡承孝，等. 不同施氮水平对菜地土壤 N_2O 排放的影响 [J]. 农业环境科学学报，2010，29（11）：2238-2243.

[116] 邱炜红，刘金山，胡承孝，等. 种植蔬菜地与裸地氧化亚氮排放差异比较研究 [J]. 生态环境学报，2010，19（12）：2982-2985.

[117] 石生伟，李玉娥，刘运通，等. 中国稻田 CH_4 和 N_2O 排放及减排整合分析 [J]. 中国农业科学，2010，43 (14)：2923-2936.

[118] 田慎重，宁堂原，李增嘉，等. 不同耕作措施对华北地区麦田 CH_4 吸收通量的影响 [J]. 生态学报，2010，30 (2)：0541-0548.

[119] 王方浩，马文奇，窦争霞，等. 中国畜禽粪便产生量估算及环境效应 [J]. 中国环境科学，2006，26 (5)：614-617.

[120] 王建源，薛德强，邹树峰，等. 气候变暖对山东省农业的影响 [J]. 资源科学，2006，28 (1)：163-168.

[121] 王立刚，李虎，邱建军. 黄淮海平原典型农田土壤 N_2O 的排放特征 [J]. 中国农业科学，2008，4l (4)：1248-1254.

[122] 王立刚，邱建军，江丽华，等. 农业源温室气体监测技术规程与控制技术研究 [M]. 北京：科学出版社，2016.

[123] 王丽，李雪铭，许妍. 中国大陆秸秆露天焚烧的经济损失研究 [J]. 干旱区资源与环境，2008，22 (2)：170-175.

[124] 王丽英，吴硕，张彦才，等. 蔬菜废弃物堆肥化处理研究进展 [J]. 中国蔬菜，2014，(6)：6-12.

[125] 王明星，李晶，郑循华. 稻田甲烷排放及产生、转化、输送机理 [J]. 大气科学，1998，22 (4)：600-610.

[126] 王明星. 中国稻田甲烷排放 [M]. 北京：科学出版社，2001：216-219.

[127] 王少彬，苏维翰. 中国地区氧化亚氮排放量及其变化的估算 [J]. 环境科学，1993，14 (3)：42-46.

[128] 王智平. 中国农田 N_2O 排放量的估算 [J]. 农村生态环境，1997，13 (2)：51-55.

[129] 吴伟祥，李丽劼，吕豪豪，等. 畜禽粪便好氧堆肥过程氧化亚氮排放机制 [J]. 应用生态学报，2012，23：1704-1712.

[130] 武其甫，武雪萍，李银坤，等. 保护地土壤 N_2O 排放通量特征研究 [J]. 植物营养与肥料学报，2011，17 (4)：942-948.

[131] 席旭东，晋小军，张俊科. 蔬菜废弃物快速堆肥方法研究 [J]. 中国土壤与肥料，2010 (3)：62-66.

[132] 熊舞，夏永秋，周伟，等. 菜地氮肥用量与 N_2O 排放的关系及硝化抑制剂效果 [J]. 土壤学报，2013，50 (4)：743-751.

[133] 熊正琴，邢光熹，鹤田治雄，等. 种植夏季豆科作物对旱地氧化亚氮排放贡献的研究 [J]. 中国农业科学，2002，35 (9)：1104-1108.

[134] 徐文彬，刘广深，刘维屏. 降雨和土壤湿度对贵州旱田土壤 N_2O 释放的影响 [J].

应用生态学报，2002，13 (1)：67-70.

[135] 杨岩，孙钦平，李吉进，等. 不同水肥处理对设施菜地 N_2O 排放的影响 [J]. 植物营养与肥料学报，2013，19 (2)：433-440.

[136] 杨岩，孙钦平，李妮，等. 添加过磷酸钙对蔬菜废弃物堆肥中氨气及温室气体排放的影响 [J]. 应用生态学报，2015，26 (1)：161-167.

[137] 袁伟玲，曹凑贵，程建平，等. 间歇灌溉模式下稻田 CH_4 和 N_2O 排放及温室效应评估 [J]. 中国农业科学，2008，41 (12)：4294-4300.

[138] 翟胜，高宝玉，王巨媛，等. 农田土壤温室气体产生机制及影响因素研究进展 [J]. 生态环境，2008，17 (6)：2488-2493.

[139] 张福锁，王激清，张卫峰，等. 中国主要粮食作物肥料利用率现状与提高途径 [J]. 土壤学报，2008，45 (5)：915-924.

[140] 张福锁，张卫锋，陈新平. 对我国肥料利用率的分析 [C] //第二届全国测土配方施肥技术研讨会论文集. 北京：中国农业大学出版社，2007：10-12.

[141] 张光亚，方柏山，闵航，等. 设施栽培土壤氧化亚氮排放及其影响因子的研究 [J]. 农业环境科学学报，2004，23 (1)：144-147.

[142] 张翰林，吕卫光，郑宪清，等. 不同秸秆还田年限对稻麦轮作系统温室气体排放的影响 [J]. 中国生态农业学报，2015，23 (3)：302-308.

[143] 张静，李虎，王立刚，等. 冬小麦/大葱轮作体系 N_2O 排放特征及影响因素研究 [J]. 农业环境科学学报，2012，31 (8)：1639-1646.

[144] 张乃明，董艳. 施肥与设施栽培措施对土壤微生物区系的影响 [J]. 生态环境，2004，13 (1)：61-62.

[145] 张强，巨晓棠，张福锁. 应用修正的 IPCC2006 方法对中国农田 N_2O 排放量重新估算 [J]. 中国生态农业学报，2010，18 (1)：7-13.

[146] 张相锋，王洪涛，聂永丰. 高水分蔬菜废物和花卉废物批式进料联合堆肥的中试 [J]. 环境科学，2003b，24 (5)：146-150.

[147] 张相松，隋方功，刘兆辉，等. 不同供氮水平对大葱土壤硝态氮运移及品质影响的研究 [J]. 土壤通报，2010，41 (1)：170-174.

[148] 张小洪，袁红梅，蒋文举. 油菜地 CO_2、N_2O 排放及其影响因素 [J]. 生态与农村环境学报，2007，23 (3)：5-8.

[149] 张玉铭，胡春胜，张佳宝，等. 农田土壤主要温室气体 (CO_2、CH_4、N_2O) 的源/汇强度及其温室效应研究进展 [J]. 中国生态农业学报，2011，19 (4)：966-975.

[150] 张岳芳，郑建初，陈留根. 稻麦两熟制农田不同土壤耕作方式对稻季 CH_4 排放的影响 [J]. 中国农业科学，2010，43 (16)：3357-3366.

[151] 张仲新，李玉娥，华珞，等. 不同施氮量对设施菜地 N_2O 排放通量的影响 [J]. 农业工程学报，2010，26 (5)：269-275.

[152] 赵荣芳，陈新平，张福锁. 华北地区冬小麦-夏玉米轮作体系的氮素循环与平衡 [J]. 土壤学报，2009，46 (4)：684-697.

[153] 赵同科，张成军，杜连凤，等. 环渤海七省（市）地下水硝酸盐含量调查 [J]. 农业环境科学学报，2007，26 (2)：779-783.

[154] 周泽义，胡长敏，王敏健，等. 中国蔬菜硝酸盐和亚硝酸盐污染因素及控制研究 [J]. 环境科学进展，1999，7 (5)：1-13.

[155] 朱兆良. 中国土壤氮素 [M]. 南京：江苏科学技术出版社，1992：228-245.

[156] 高利伟，马林，张卫峰，等. 中国作物秸秆养分资源数量估算及其利用状况 [J]. 农业工程学报，2009，25 (7)：173-179.